高等职业教育系列教材

化妆品
检测技术

谢玉艳　主编
何紫莹　王　盾　参编
黄　凯　主审

中国轻工业出版社

图书在版编目（CIP）数据

化妆品检测技术／谢玉艳主编. —北京：中国轻工业
出版社，2024.1

ISBN 978-7-5184-4568-4

Ⅰ.①化…　Ⅱ.①谢…　Ⅲ.①化妆品—检测　Ⅳ.①TQ658

中国国家版本馆 CIP 数据核字（2023）第 179443 号

责任编辑：陈　萍　　责任终审：劳国强
文字编辑：赵雅慧　　责任校对：晋　洁　　封面设计：锋尚设计
策划编辑：陈　萍　　版式设计：霸　州　　责任监印：张　可

出版发行：中国轻工业出版社（北京鲁谷东街 5 号，邮编：100040）

印　　刷：三河市国英印务有限公司

经　　销：各地新华书店

版　　次：2024 年 1 月第 1 版第 1 次印刷

开　　本：787×1092　1/16　印张：13

字　　数：300 千字

书　　号：ISBN 978-7-5184-4568-4　定价：59.00 元

邮购电话：010-85119873

发行电话：010-85119832　010-85119912

网　　址：http://www.chlip.com.cn

Email：club@ chlip.com.cn

如发现图书残缺请与我社邮购联系调换

221543J2X101ZBW

前言

近年来，化妆品行业发展迅速，市场上的化妆品种类繁多，虽满足了人们的需求，但同样也增加了监管难度。国家不断加强对化妆品行业的监管力度，并陆续出台了相关的法律法规与标准。如《化妆品监督管理条例》《化妆品分类规则和分类目录》《化妆品功效宣称评价规范》《化妆品安全评估技术导则（2021年版）》等，都对化妆品监管提出了严格的要求，对于进入市场的化妆品，都应严格开展质量安全检测。

化妆品日益成为人们生活中不可或缺的日用品，因此化妆品产品质量越来越受到消费者的关注和重视。作为产品质量第一负责人的生产企业应努力确保化妆品产品质量安全，促进行业整体质量水平提升，确保社会主义市场经济健康协调发展。

本书由广西工业职业技术学院谢玉艳担任主编，何紫莹、王盾参编，黄凯审定。目的在于帮助学生、广大化妆品生产企业、相关质量检测和监督管理人员以及消费者全面正确了解有关化妆品行业知识、化妆品产品基础、化妆品通用物理参数检测、化妆品通用化学参数检测、常用分析仪器法、化妆品产品相关制度。全体编写人员都长期在化妆品经营与管理专业从事教学、科研工作，将在质量检测工作岗位上归纳、总结的实践经验融入教材中，深入浅出地阐述化妆品检测技术有关知识和实际操作技能。项目一、项目二由何紫莹编写，项目三、项目四由谢玉艳编写，项目五、项目六由王盾编写。

本书若有疏漏之处，期盼同行和读者指正。

谢玉艳

2023年4月

目录

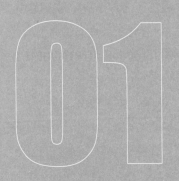

项目一

化妆品行业基本认知

任务一　了解化妆品行业发展现状

　　二十世纪八十年代以前，我国化妆品企业很少，以经济相对发达的上海为例，1976 年仅有 11 家化妆品厂。改革开放以后，我国化妆品工业发展迅速，进口化妆品大量涌入，仅上海市的化妆品企业就由 1976 年的 11 家迅速发展到 176 家，10 年时间里增加了 15 倍。近年来，我国化妆品生产和消费均呈现快速发展的趋势。目前，我国有化妆品生产企业 6323 家，超过 70% 的企业集中分布在我国沿海省份，以珠江三角洲、长江三角洲和环渤海经济带最为集中。这些地区工业比较发达、原配料等配套条件比较完善、交通便利，符合化妆品作为快速消费品的消费特点。截至 2022 年 12 月，国家市场监督管理总局网站已公布的化妆品生产许可获证企业达 5702 家，已予许可或备案的化妆品产品达 85.7 万个。

　　我国正在逐步发展成为化妆品消费大国，总体消费水平已经超越欧盟、日本，仅次于美国，成为世界化妆品消费大国。据统计，我国 1990 年化妆品产品销售额仅有 40 亿元，到 2005 年，我国化妆品产品销售额达到 960 亿元，而 2006 年我国化妆品产品销售额是 1075 亿元，比 2005 年增长 12%。2010 年达到 1530 亿元，并持续保持每年 10% 以上的增长幅度，而同比国际化妆品市场的年增长率仅为 3%~4%。即使在 2008 年—2009 年全球金融危机的恶劣环境下，我国化妆品产品销售额仍然保持持续平稳增长，这与改革开放的逐步深入、国家整体经济的良好运行、人民生活水平的大幅提升以及购买能力的提高密不可分。但从化妆品的市场份额上看，国外化妆品企业，例如法国欧莱雅、美国 CCL 公司和玫琳凯、日本资生堂、德国妮维雅等均纷纷抢滩我国市场，国外化妆品企业看好我国市场并在我国市场中占据着相当大的份额。根据我国国民生活方式的特点，在化妆品的销售中，护肤品、发用品和沐浴类制品为主要的消费品种，而西欧和北美主要消费的香水和除臭类产品在我国消费量相对很小，增长幅度也相对较慢。从化妆品的品种结构来看，护肤用品是主流产品，尤其防晒美白用品，近几年成为市场关注的热点。

　　目前，我国化妆品市场呈现出"跨国大型企业垄断中高端，本土中小企业众多而力薄"的竞争格局。例如，知名跨国企业宝洁和联合利华等占明显优势，稳居中高端市场。国产品牌相宜本草等，则聚集于中低端市场。未来化妆品行业市场"强者越强，弱者越弱"的格局将更加明显。国产化妆品企业生存压力倍增，如何在日益激烈的市场竞争中提升竞争力，成为国产化妆品企业亟待解决的问题。

　　从当前国内日化的竞争格局看，本土化妆品企业具有较大的发展潜力。原因在于化妆品行业消费者需求多样，品牌忠诚度较高。但中国人的肤质与欧美人相比有很大的不同，并且国内各地域人群肤质也存在差异，对化妆品的功能需求不同。因此，本土化妆品企业应更贴近国内消费者，可通过不断挖掘消费者的需求，采用更容易被国人接受的中草药配方，发挥本土智慧和差异化竞争优势。

尽管我国化妆品行业取得了卓越的成就，但就全行业来看，仍然面临诸多问题和挑战。目前，国内化妆品行业存在的问题主要有以下几点：

1. 化妆品企业生产条件简陋、生产设备落后、生产管理意识薄弱，质量难以保证

我国的化妆品行业以中小型企业居多，在产品研发、技术创新上投入不够，在科学配方研制和开发方面仍处于仿效阶段。一些小厂由于资金少、技术落后，有些尚达不到国家的卫生检验标准。

2. 高端人才储备不足，科研投入低、产品科技含量不高

一个品牌的竞争力是否强大取决于其储备人才水平的高低，信息时代缺乏高水平的科研人员是企业未来发展的瓶颈。中国化妆品行业研发、经营和管理方面的人才稀缺，且缺乏与之相对应的高等教育。美国宝洁公司在全球拥有 28 个技术中心，持有专利数量超过 29000 项，拥有研发人员超过 10200 名。巴黎欧莱雅集团在全球拥有 20 个研发中心及 15 个评估中心，共有来自 60 多个国家的 5000 多名专家从事化学、生物学、医药学等 30 多个学科的研究。中国化妆品行业巨头上海家化的企业技术中心却只有百名科研人员。同时，由于全球性的环境恶化，化妆品企业也在考虑从环保角度控制氧化剂、防晒剂及色素等的使用。因此，绿色环保的化妆品成为市场上的热点产品。这就更加要求企业加大研发力度，从而提高产品质量和产品档次。在未来很长一段时间内，这将仍是国内化妆品行业须努力解决的问题。

3. 化妆品标签虚假夸大宣传、误导欺骗消费者，假冒伪劣依然严重

我国化妆品的虚假宣传表现为特殊用途化妆品超功能范围夸大宣传，非特殊用途化妆品按特殊用途化妆品的功能进行夸大宣传。产品宣传中用了明显的医疗术语或治疗疾病效果，借助医师、名人来影射、宣传产品效果，误导欺骗消费者。另外，化妆品的假冒不分档次，高、中、低档产品均有被假冒。假冒商品在许多国家均存在，据欧盟统计，欧盟查获的假冒商品的数额不断增长，且其中大部分是日用品，对人体健康造成了威胁。

4. 品牌知名度低，营销手段滞后

随着国外著名企业的进驻，我国的化妆品企业已经处于一个国际化的环境中。然而，品牌间的品牌影响力悬殊，合资和独资企业生产的化妆品在国内市场上占主导地位。国内的化妆品企业营销观念意识不够、监管机制不够成熟，导致渠道串货现象严重。众多国内品牌还在依靠流通方式，严重依赖经销商分销。随着消费自主意识增强以及各种法规的出台，给化妆品企业带来了新的压力。同外资化妆品企业的竞争中，外企所具有的竞争优势是显而易见的，诸如强

劲的广告宣传、公关应用、品牌塑造、营销策划等能适应不同层次的需要。

5. 化妆品检验技术不能与时俱进

针对化妆品中禁用、限用物质及功效原料的检验技术有待提高。少数化妆品企业超量、超范围地使用限用物质，违规添加禁用物质，对消费者的健康产生了极大的危害，这就要求相关检验机构的检验技术全面提高，尤其须完善仪器设备、检验人员方面的配置。

化妆品标准化体系欠完善，产品标准和检验方法标准滞后，对一些化妆品产品上宣称的功效无法验证，对一些新原料的使用安全性还无法开展即时准确的评估。

任务二　了解化妆品行业监管规程

《化妆品监督管理条例》规定，由国务院药品监督管理部门负责全国化妆品监督管理工作，国务院有关部门在各自职责范围内负责与化妆品有关的监督管理工作。县级以上地方人民政府负责药品监督管理的部门负责本行政区域的化妆品监督管理工作，县级以上地方人民政府有关部门在各自职责范围内负责与化妆品有关的监督管理工作。化妆品生产经营者应当依照法律、法规、强制性国家标准、技术规范从事生产经营活动，加强管理，诚信自律，保证化妆品质量安全。化妆品行业协会应当加强行业自律，督促引导化妆品生产经营者依法从事生产经营活动，推动行业诚信建设。消费者协会和其他消费者组织对违反本条例规定损害消费者合法权益的行为，依法进行社会监督。

在原料使用方面，国家按照风险程度对化妆品、化妆品原料实行分类管理。化妆品原料分为新原料和已使用的原料。国家对风险程度较高的化妆品新原料实行注册管理，对其他化妆品新原料实行备案管理。在我国境内首次使用于化妆品的天然或者人工原料为化妆品新原料。具有防腐、防晒、着色、染色、祛斑美白功能的化妆品新原料，经国务院药品监督管理部门注册后方可使用；其他化妆品新原料应当在使用前向国务院药品监督管理部门备案。国务院药品监督管理部门可以根据科学研究的发展，调整实行注册管理的化妆品新原料的范围，经国务院批准后实施。

在产品管理方面，化妆品分为特殊化妆品和普通化妆品。国家对特殊化妆品实行注册管理，对普通化妆品实行备案管理。用于染发、烫发、祛斑美白、防晒、防脱发的化妆品以及宣称新功效的化妆品为特殊化妆品。特殊化妆品以外的化妆品为普通化妆品。国务院药品监督管理部门根据化妆品的功效宣称、作用部位、产品剂型、使用人群等因素，制定、公布化妆品分类规则和分类目录。

在化妆品备案管理方面，特殊化妆品经国务院药品监督管理部门注册后方可生产、进口。

国产普通化妆品应当在上市销售前向备案人所在地省、自治区、直辖市人民政府药品监督管理部门备案。进口普通化妆品应当在进口前向国务院药品监督管理部门备案。申请进口特殊化妆品注册或者进行进口普通化妆品备案的，应当同时提交产品在生产国（地区）已经上市销售的证明文件以及境外生产企业符合化妆品生产质量管理规范的证明资料；专为向我国出口生产、无法提交产品在生产国（地区）已经上市销售的证明文件的，应当提交面向我国消费者开展的相关研究和试验的资料。

在化妆品生产管理方面，从事化妆品生产活动，应当向所在地省、自治区、直辖市人民政府药品监督管理部门提出申请，提交其符合《化妆品监督管理条例》第二十六条规定条件的证明资料，并对资料的真实性负责。省、自治区、直辖市人民政府药品监督管理部门应当对申请资料进行审核，对申请人的生产场所进行现场核查，并自受理化妆品生产许可申请之日起30个工作日内做出决定。对符合规定条件的，准予许可并发给化妆品生产许可证；对不符合规定条件的，不予许可并书面说明理由。化妆品生产许可证有效期为5年。有效期届满需要延续的，依照《中华人民共和国行政许可法》的规定办理。化妆品注册人、备案人、受托生产企业应当按照国务院药品监督管理部门制定的化妆品生产质量管理规范的要求组织生产化妆品，建立化妆品生产质量管理体系，建立并执行供应商遴选、原料验收、生产过程及质量控制、设备管理、产品检验及留样等管理制度。

在化妆品经营环节，化妆品经营者不得自行配制化妆品。电子商务平台经营者应当对平台内化妆品经营者进行实名登记。出入境检验检疫机构依照《中华人民共和国进出口商品检验法》的规定对进口的化妆品实施检验；检验不合格的，不得进口。负责药品监督管理的部门有权对化妆品生产经营进行监督检查。

任务三　了解有关国家和地区的化妆品监管规程

1. 美国

美国食品药品监督管理局（Food and Drug Administration，简称FDA）是美国国会即联邦政府授权，专门从事美国境内的食品、药品、化妆品的监督管理工作的机构。由于美国对化妆品产品的进口和生产不进行事前许可，化妆品企业并不需要提交产品信息和生产信息。但是FDA成立了一个化妆品自愿注册计划（VCRP），又称为化妆品FDA认证。化妆品的生产、销售厂商可以自愿通过该系统提交产品信息、报告不良反应，同时在该系统获取所需的化妆品成分重要信息，可避免因为成分问题导致产品被召回或进口时被扣留。而FDA也可对产品给出建议，使化妆品公司及时改正错误，规避上市后的监管风险。而对于OTC（包括类药化妆品），则要求生产企业通过 GMP 认证。符合 OTC 产品标准的产品可以直接上市，不需要产品注册。在原料管理方面，美国对于化妆品使用的色素类原料管理极为严格，所有色素添加剂均需要通过 FDA 审批许可，同时，每一批次的添加剂还要通过 FDA 认证。除色素外，其余新原料不需要进行事前许可，化妆品企业可通过自愿评价程序（COS-METICS INGREDIENTS RE-VIEW，简称 CIR）对原料进行安全性评价。但对于列入了 OTC 管理的类药化妆品而言，原料管理较为严格，各种功效原料的使用和限制条件在 OTC 药物药典中均有规定。化妆品上市后则由化妆品企业负责产品安全，接受政府的市场监督检查。当接到投诉或对产品产生怀疑时，FDA 有权对化妆品企业实行突击检查。2023 年 3 月，美国 FDA 停止接受化妆品自愿注册计划，要求化妆品公司等待 FDA 注册，直到宣布新系统的可用性。

2. 欧盟

欧盟委员会负责监管欧盟境内的化妆品，制定相关法规、标准，开展相关风险评估工作等，但对于化妆品企业则实施自律为主要原则的管理方式，即化妆品生产企业、进口商均不需要事前许可，而是简单告知生产企业或进口商的地址、产品基本信息即可。但多数欧盟成员国的化妆品生产企业会采取 ISO 认证、GMP 认证等方式进行规范化管理。欧盟对化妆品没有普通化妆品和特殊化妆品之分，但规定生产销售的化妆品在正常、合理使用下，均不得对人体健康产生危害。

原料管理是欧盟控制化妆品产品质量的重要环节。2009 年 12 月 22 日，欧盟正式颁布了《欧盟化妆品规范》，直接在各成员国作为国家法律生效和实施，该规范对化妆品原料的安全性管理做出了明确规定，对禁用、限用物质实行名录制。此外，欧盟的消费品科学委员会（SCCP）也会不断地对某些化妆品原料进行风险评估，根据评估结果更新上述名录。欧盟虽不要求企业对产品的安全性信息事前许可，但企业须自行对产品进行危险性评价，并建立完备的档案（Product Information File，简称 PIF）。PIF 包括产品配方，成品、原材料、包装材料的规格和质量标准，产品的生产方法说明和 GMP 声明，人体安全性评价，任何不良反应的资料总结等，这些都是欧盟市场监督检查的重要内容。同时，欧盟各成员国都有化妆品行业协会，在沟通与协调政府管理部门和生产企业之间的关系中发挥了重要的纽带作用。

3. 日本

《药事法》(PAL) 是日本有关化妆品的最高法律。根据《药事法》规定，化妆品分为普通化妆品和医药部外品（即药用化妆品），由厚生劳动省负责日本境内化妆品和医药部外品的监督管理工作。其中，医药部外品是指具有一定功效的化妆品，如生发剂、染发剂、除毛剂等须注明"医药部外品"字样。针对普通化妆品而言，2001 年起《药事法》规定不须再进行事前许可，只需要将生产和经销行为进行事前许可，该许可 5 年内有效，到期重新审核。而对于医药部外品的管理较为严格，必须经过事前许可才能够上市。大多数的日本化妆品企业遵循

GMP，化妆品的生产和销售也必须经批准后方可进行。

2001 年 4 月以来，日本参考欧盟和我国经验，对普通化妆品的原料采取重点原料清单式管理，制定了禁用、限用、允许使用物质清单。但对于医药部外品所使用的原料必须经过事前许可。用于医药部外品的原料划分为两个清单：①公开的日本医药部外品成分标准（Japanse Standards of Quasi-Drug Ingredients，简称 JSQI）。②厚生劳动省内部掌握的非公开的各个公司申请注册过的可使用的成分清单。值得一提的是，所有医药部外品所用原料必须在上述两个清单内，且浓度、规格和清单规定的一致。《药事法》规定化妆品企业对产品安全负有主要责任，企业须在产品上市前评价其安全性。日本政府并没有规定必做的检验项目，但企业须提供充分资料证明化妆品的安全性。

02

项目二

化妆品基础

任务一　定义化妆品

一、化妆品的术语

（1）化妆品

关于化妆品的定义，不同法规中有不同的描述方法，表 2-1 列出了不同法规中对化妆品的定义。

表 2-1　　　　　　　　　　　　　　不同法规中化妆品的定义

法规名称	《化妆品监督管理条例》（2020 年）	《消费品使用说明　化妆品通用标签》（GB 5296.3—2008）
颁布单位	国务院	国家质量监督检验检疫总局（现为国家市场监督管理总局）中国国家标准化管理委员会
颁布日期	2020 年 6 月 16 日	2008 年 6 月 17 日
执行日期	2021 年 1 月 1 日	2009 年 10 月 1 日
对化妆品的定义	以涂擦、喷洒或者其他类似方法，施用于皮肤、毛发、指甲、口唇等人体表面，以清洁、保护、美化、修饰为目的的日用化学工业产品	以涂抹、洒、喷或其他类似方式，施于人体表面任何部位（皮肤、毛发、指甲、口唇等），以达到清洁、芳香、改变外观、修正人体气味、保养、保持良好状态目的的产品

判断一个产品是否属于化妆品，应从使用方法、使用部位、使用目的三方面加以界定，即应同时满足以下三个条件：

① 使用方法。以涂擦、喷洒或者其他类似方法。

② 施用部位。皮肤、毛发、指甲、口唇等人体表面。最新颁布的《化妆品监督管理条例》规定：牙膏参照本条例有关普通化妆品的规定进行管理。

③ 使用目的。清洁、保护、美化、修饰。

（2）标签

标签指粘贴或连接或印在化妆品销售包装上的文字、数字、符号、图案和置于销售包装内的说明书。

（3）销售包装

销售包装指以销售为目的，与内装物一起交付给消费者的包装。

（4）内装物

内装物指包装容器内所装的产品。

（5）展示面

展示面指化妆品在陈列时，除底面外能被消费者看到的任何面。

（6）可视面

可视面指化妆品在不破坏销售包装的情况下，消费者能够看到的任何面。

（7）净含量

净含量指去除包装容器和其他包装材料后，内装物的实际质量或体积或长度。

（8）保质期

保质期指在化妆品产品标准和标签规定的条件下，保持化妆品品质的期限。在此期限内，化妆品应符合产品标准和标签中所规定的品质。

二、化妆品的定义

化妆品是以化妆为目的的产品总称。化妆品品种繁多，从其所含成分来看，化妆品是不同化学物质通过不同的工艺混合而成的。世界各国都把化妆品列为个人护理品，或精细化学品，或专用化学品。

目前，从我们日常生活观察，每个人几乎天天均在不同程度上使用化妆品，化妆品已日益成为人类日常生活的必需品。化妆品的使用对象遍及人体表面的皮肤、毛发、指甲、口唇等。这些部位，特别是人体表面的皮肤及作为皮肤附属器官的头发等，为了保持人体内部各种成分的恒常性，常常对来自外界环境的各种因素有重要的防御功能。皮肤如果暴露在严酷的环境条件（如日光、低温和高温、低湿和高湿、尘埃等）下，其防御功能必然受到影响。而化妆品就是用于缓和这类严酷条件对皮肤的影响，辅助皮肤维持原来的防御功能。

国际上尚无对化妆品进行统一的定义，但在各国依据本国国情颁布的化妆品法规中对化妆品的定义都很类似，只是管理范围和分类略有不同。目前，世界上大多数国家和地区都将化妆品的定义列入本国的化妆品法规或相应的药品法中。世界各国及地区对于化妆品的定义和要求存在差异。

我国关于化妆品的定义在前文中已经介绍，这里不再赘述。

日本对化妆品的定义是：为了清洁和美化人体、增加魅力、改变容貌、保持皮肤及头发健美而涂抹、散布于身体或用类似方法使用的物品，是对人体作用缓和的物质。

欧盟现行的《化妆品规程》中定义化妆品是接触于人体外部器官（表皮、毛发、指甲、口唇和外生殖器），或者口腔内的牙齿和口腔黏膜，以清洁、发出香味、改善外观、改善身体气味或保护身体使之保持良好状态为主要目的的物质和制剂。根据欧盟对化妆品的定义，口腔卫生用品，包括含氟牙膏，均属于化妆品，但是经口吸或注射途径摄入体内的产品不属于化妆品。从法规上，欧盟没有普通化妆品和功能性化妆品之分。

美国食品药品监督管理局对化妆品的定义是：用涂抹、散布、喷雾或者其他方法使用于人体的物品，能够起到清洁、美化、促使有魅力或改变外观的作用。

三、化妆品的主要作用

1. 清洁作用

去除面部、体表、毛发的污垢。这类化妆品主要用来洁肤净面。通过祛除皮肤表层的彩妆、油垢、污垢或者祛除表皮外层的老化角质（即死细胞），起到深层清洁的作用，使皮肤处于清洁卫生的良好状态。为皮肤进行正常的新陈代谢及美容、上妆做铺垫。除每日洗脸洗浴外，多在化妆前和卸妆时使用。

常用的有以下几种：

① 香皂。这是较传统的清洁用品。目前，中性含有中草药与营养物质的香皂较受欢迎。

② 卸妆水/油。通过特殊处理的水或油，温和清洁皮肤或某些特殊部位。

③ 洗面奶。这是一种温和的对皮肤无刺激性的洁肤化妆品。在面部不需要作特别的清洁时较为适用。

④ 清洁乳/霜。具有清除皮肤表面油性污垢的能力，较适宜于卸妆时使用。

⑤ 磨砂膏。一般在皮肤护理时使用。其所含植物外壳粒子或动物骨骼、壳等类粒子，能有效祛除死亡的表皮角质细胞和毛孔深部的油污，可使皮肤保持良好的透明感和细腻的肤质。

⑥ 祛死皮膏/素。通过化学方法有效祛除死亡的表皮角质细胞和毛孔深处的油污。

⑦ 清洁面膜。通过黏取的方式祛除死亡的表皮角质细胞和毛孔深部的油污。

2. 保护作用

保护面部、体表，保持皮肤角质层的含水量，使皮肤柔润光滑，延缓皮肤衰老。这类化妆品的特点是保护皮肤，使皮肤免受或减少外界的刺激，防止化学物质、金属离子等对皮肤的侵蚀和皮肤水分过多丢失，促进血液循环，增强皮肤的新陈代谢功能。还可通过添加营养成分，为皮肤表面提供所需蛋白质、维生素等，激发细胞活力，促进新陈代谢，使皮肤保持白嫩，富有弹性，协助维持皮肤正常的酸碱度。长期使用，可令皮肤柔软、滋润、细腻而有张力，延缓皮肤的衰老。如：润肤霜、乳液、精华素、防晒霜、貂油、橄榄油等。

3. 美化、修饰作用

美化修饰面部、体表及毛发或散发香气。这类化妆品主要用来增添容貌之美，遮盖、修饰面部缺陷。国际上通常将美容化妆品称为色彩化妆品。

① 遮瑕类。用于遮盖皮肤瑕疵，起到调和肤色的作用。例如：遮瑕膏、粉底、液体粉底、粉条、粉饼、碎粉、散粉等。

② 色彩类。强调或削弱面部五官及轮廓，使其修饰得更加生动、柔和，近似完美。例如眼影、胭脂、眉笔、眼线液（笔）、睫毛膏、唇膏、唇彩、唇线笔、指甲油等。

③护发、美发类。其作用为养护、改善发质，使毛发油润光亮、秀美飘逸；同时，还有为头发造型、变换头发颜色、美化头发的功效。护发、美发类主要有各种护发素、摩丝、发胶、染发剂、烫发剂、生发水、焗油膏、发油、发乳等。

④芳香制品类。主要通过本身散发的清新、高雅的香气，使人心旷神怡，增添诗情美意。如香水、古龙水等，还有香膏、香粉等固体香品。

4. 特殊作用

具有特殊功效，介于药品和普通化妆品之间的产品，如祛斑霜、除臭剂、脱毛膏、健美苗条霜等。在一些发达国家，对化妆品的定义中还增加了"该产品可以对使用部位产生缓和作用"的语句来进一步定义"特殊作用"。

四、化妆品的六个特性

1. 胶体分散性

化妆品通常是将某些组分以极小的微粒（液、固体）分散于另一介质中形成一种多相分散体系而制得。

2. 流变性

化妆品本身具有黏、弹性结构，在使用过程中产生稠、稀、浓、淡、黏、弹性、润滑性等感觉。

3. 表面活性

由于胶体分散性，微粒表面与表面相互吸附，导致了物质表面性质的改变，从而使化妆品具有表面活性。

4. 稳定性

在一段时间内，即在化妆品储存和使用过程中，即使是炎热或寒冷的环境，化妆品也能保持性质不发生变化。化妆品的稳定性不是永久的，一般要求2~3年的时间。

5. 安全性

由于化妆品是与人体直接接触且经常使用的化学品或生物制品，须确保使用者不受到危害。

6. 功能性

功能性是化妆品必备的特性，但又不可随意夸大。具有越来越明确的功能性是化妆品不断发展的一个重要趋势。

五、化妆品的基本成分

一般化妆品的基本成分有八类：基质、防腐剂、保湿剂、色素、香料、表面活性剂、抗氧化剂、营养添加剂。

1. 基质

基质主要由高级脂肪酸、高级醇类组成的油脂、蜡类、碳氢化合物等合成。油脂对滋润软化皮肤、抑制水分蒸发、保持皮肤柔嫩并防止外界不良刺激具有重要作用。其主要成分为高级脂肪酸的三甘油酯。常温下为液体的称为油，为固体的称为脂。脂由高级脂肪酸和脂肪醇结合而成，分为动物性脂、植物性脂、羊毛脂及衍生物。其中，羊毛脂最接近人体的皮脂，它不溶于水，有较好的渗透和保护作用，为主要原料之一。动物油脂中的鲨油、貂油、醇油都具有各自的特点，使化妆品具有良好的渗透性，保持皮肤柔软润滑。

2. 防腐剂

由于化妆品中含有较丰富的营养物质，所以严格禁止微生物的繁殖、避免使用时受到污染就显得格外重要。化妆品中对防腐剂的添加有着严格的要求，应对皮肤无毒、无刺激，不影响产品的黏度、pH、色泽及气味，并能有效抑制多种微生物的生长。防腐剂的使用量非常少，一般为 0.1%~0.3%。

3. 保湿剂

许多研究结果都证实面部的小皱纹是由于面部表皮和真皮暂时缺水所致，一旦得到充足的水分，这些小皱纹就会逐渐消失。因此，许多化妆品中加入了与皮肤天然保湿因素相近的物质，如甘油、丙二醇等，一些较新型的保湿剂如生物透明质酸的应用，使皮肤在不同温度和湿度的环境中，可自然将皮肤湿度调节在最适宜的水平。化妆品优越的保湿性能对保持皮肤水分、增白、防皱、抗衰老具有重要作用。

4. 色素

为了满足不同人对化妆品颜色的需求，有些化妆品中常需要加入一些色素成分（并非所有化妆品所必备）。天然色素是从动植物或矿物中提取的；人工制造的色素的使用要受到化妆品生产部门的严格检查和限制。

5. 香料

为了使化妆品有清新诱人的香味，香料在化妆品中的应用较为普遍。香料同样有天然和人工合成之分，一种香料又是由多种成分复合而成。

6. 表面活性剂

化妆品中，一般都需要添加阴离子型和非离子型的表面活性剂，以达到活化有效成分、增强化妆品各种效能的作用。

7. 抗氧化剂

为了保证化妆品在保存和使用时其中的油脂、蜡、高油性成分遇氧时不因氧化反应而产生醛、酸等氧化物，而导致化妆品变质，在生产过程中常添加一定量的抗氧化剂，如生育酚等。

8. 营养添加剂

化妆品中一般都加入皮肤新陈代谢所需的各种营养成分，如牛奶、氨基酸、多种维生素、蜂皇素、人参、银耳、花粉、灵芝、超氧化物歧化酶等，它们是使皮肤增白变细、抵御黑色素的形成及延缓衰老的重要物质基础。

六、近期化妆品发展简介

第二次世界大战后，随着世界经济复苏，世界各国化妆品工业发展迅速，人类使用化妆品越来越普遍，化妆品已从奢侈品发展成为人类增香添美的生活必需品。化妆品工业已在精细化学品工业中占有重要的地位。化妆品工业也吸收了其他学科技术和工业部门的新成就，这些相关技术都被灵活地应用于化妆品开发中。

在 1970 年以前，化妆品研究和发展的主流是制造产品。这期间重视产品的稳定性、使用性、制造技术和设备质量管理。胶体化学、流变学和统计学是这个阶段的中心。

由于化妆品使用日趋广泛，化妆品的安全问题得到了重视。各国先后对其化妆品法规进行补充或修订。进入二十世纪八十年代后这种倾向更进一步加强，同时对化妆品功效有用性要求进一步提高，化妆品学研究从研究制造化妆品产品扩展到以人类为对象的皮肤科学、生理学、生物学和药学等，各国先后出版了一些化妆品学的专著。现代化妆品是根据化妆品科学和工艺学制成的精细化学品。

由于使全球经济增长的大多数新工艺技术是以知识为基础，所以当今时代常被称作"知识经济时代"。从科学发展角度看，很多经济学家、未来学家、科学家和富有预见性的领导者将二十一世纪看作是生物学世纪，特别是生物工程世纪。由于医药要求很严格，生物工程制品应用于医药需要巨额投资，包括大量临床试验费用和较长时间，存在较大的风险，因而医药制品和技术积累的成果开始向化妆品工业转移。另一方面，二十世纪八九十年代，消费者对化妆品有用性（即功效）需求不断增加，促进功效化妆品的发展。功能介于化妆品和药物之间的产品称为功效化妆品，它是一种兼有化妆品功能和可能药物功能的局部使用的产品。功效化妆品已成为当今化妆品市场竞争的一个焦点。

1992 年开始使用 α-羟基酸（AHAs），如乙醇酸或乳酸等作为表皮剥脱剂，使衰老的表皮细胞脱落，产生可辨认的功效，减少面部细纹和皱纹，祛除或减少老人斑或雀斑。现今其他一些延缓衰老的护肤产品含有酶、维生素或抗氧化剂。这些活性物组分通常需要专门载体作为输运体系，将它们输送到靶子位置。很多因素影响活性物的功效，包括渗透能力、保湿性、输运活性物载体极性、活性物的极性、活性物的电荷特性和大小、输运体系载体的性质、活性物在体系中的稳定性和配方与载体配伍性等。作为输运体系的活性物载体包括：微包囊（聚合物包覆微包囊、相变材料微包囊、多糖包覆微包囊）、脂质体、微乳液、乳液、多重乳液和泡沫；还有一些结构体系如糖基结构表面活性剂层状体系、剪切变稀层型凝胶网格、皮肤仿生层型凝胶载体、智能聚合物和自组合脂质体凝胶、自组合双连续立方液晶相等，还有以二甲基硅氧烷和淀粉包覆的控制释放载体。使用这些载体的目的是更有效地利用活性物，降低成本；通过缓释作用降低活性物可能引起的对皮肤的刺激作用；防止或减少活性物被氧化，改善活性物与基质配伍性；甚至可能向特定靶子部位输送活性物。缓释载体在化妆品中的应用，也促进了一些用于这种类型体系的新型合成和天然聚合物的发展。

从二十世纪后期开始，人们对健康生产方式和天然产品的兴趣日益增强，这种倾向成为化妆品和个人护理品市场竞争的一个焦点。全世界 2004 年含天然、有机原料的化妆品和个人护理品近 2900 种，2008 年天然和有机化妆品销售额近 50 亿美元，平均年增长率为 9%。产品范围包括：护肤品、功效化妆品、天然延缓衰老产品、抗蜂窝组织产品、防晒护理产品、营养化妆品（Nutraceuticals，如口服饮料型）、香水、男士化妆品、矿泉浴疗制品（Spa）等。在 1997 年—2004 年间，欧洲抗蜂窝组织炎的产品增长达 112%。在日本，营养美容饮料十分流行，所使用天然原料主要来自植物和草药。这些原料来自天然热带雨林，如巴西、亚马逊和东南亚等地，按 GMP 规范标准制成提取物销售。化妆品利用天然产品趋势正在不断地增长。

1. 保湿化妆品

保湿是护肤化妆品最基本的功能。当今保湿化妆品的成分主要有水、保湿剂、油分，其他还有表面活性剂（即乳化剂）、增稠添加剂、防腐剂、功能性药效添加剂、香料等。水是最重要的成分，一般采用去离子水，在膏霜中占 30%~50%，在乳液中占 50%~80%。保湿剂多为一些醇类化合物，如甘油、丁二醇、二丙二醇、麦芽醇、聚乙二醇。现代新开发的一些高效保湿剂中较典型的有透明质酸、甲壳素等。此外，有些化妆品公司根据天然保湿因子的组成特点，将吡咯烷酮羧酸钠作为保湿成分加到化妆品里，这类保湿剂不仅能保持角质层的水分，还能防止骨胶氧化物的形成，预防皮肤硬化，因而大受推崇。

油分原料种类较多，较为经典的是凡士林，被公认为是防止水分散失效果最佳的油分之一。但凡士林透气性较差，量过多时皮肤会有一种被"糊住"的感觉。现代护肤品中多加入霍霍巴油等温和的油分以减轻对皮肤的刺激，加入透气性好的硅油以改善使用感。表面活性剂的主要作用是使油分和水分在一起，形成一种较为稳定的体系，让油分以小油珠（直径约为 $1\sim10\mu m$）的形式分散在水中，形成稳定的膏霜或乳液。

防腐剂在现代人的观念里似乎越来越不受欢迎，选用防腐剂的种类和添加量均受到国家卫生部门的严格限制。但由于化妆品里含有大量的营养成分，除非一次性用完，若二次使用易造成污染，会使内容物很快腐化变质，所以添加防腐剂是很必要的。一些古老的防腐剂，如尼泊金酯类，在长期的使用历史中，已经被证明是安全的。

2. 生物技术化妆品

在林林总总的化妆品中，一种新型化妆品——生物技术化妆品正脱颖而出，越来越受消费者的青睐，在国际市场开始流行或正在开发利用，大有取代传统化妆品和化学化妆品的趋势，成为第三代化妆品。风靡多年的化学化妆品，以其种类繁多为人类美容业绘上了色彩斑斓的一笔，但同时也带来了一些难以克服的副作用。例如：在化妆品中添加颇受欢迎的增白剂，它采用氢醌类的化学物质，虽在短期内有一定的增白效果，然而长期使用，往往会造成皮肤受损。如果此类化学物质渗透到真皮，还会造成胶原纤维增粗，长期使用并暴露在阳光下，二者结合会诱导大面积的片状色素沉着等多种皮肤问题。而现在的生物技术产品不同，它含有许多护肤养颜和保健增白的物质，例如超氧化物歧化酶、过氧化物酶、过氧化氢酶、维生素 E、生物有机锗、熊果苷、人参皂苷等。以上生物制剂能消除皮肤细胞中的自由基，可抑制酪氨酸一系列氧化反应，能够在一定程度上防治黄褐斑、雀斑等色素沉着，减少皮肤老化，使皮肤自然增白。因这些物质是来源于生物合成的产物，它易被人体皮肤吸收。

3. 珍珠化妆品

珍珠自古就被当作美容养颜佳品。现代科学通过对珍珠美容养颜功效的深入研究，发现珍珠中的有机物角壳蛋白经水解后，能生成天冬氨酸、苏氨酸、丝氨酸、谷氨酸等氨基酸。其中，还有一种人体不能合成的"光基欧磷氨基酸"，其特殊湿润成分，可促进皮肤细胞的热能量氧化供应，可使皮肤湿润、细腻，修补破损细胞，促进人体营养补给。珍珠还含有延缓衰老的活性因子——卟啉类成分及多种微量元素，其中，硒、锗是难以获得的防癌、抗衰老物质，能改善皮肤营养状况，使皮肤柔嫩、细润，防止皮肤老化，并可消除色斑。

4. 防晒化妆品

紫外线简称 UV，包括 UVA 和 UVB。UVA 是生活紫外线，可透过窗户玻璃和云层射入人的肌肤；UVB 是户外紫外线，人们在室外活动时直接射入皮肤。没有被臭氧层吸收掉的 UVA 和 UVB 会照射到地球表面，给我们的肌肤带来伤害。大家熟悉的 SPF（Sun Protection Factor）即日光防护指数或防晒指数，代表防晒化妆品的实际防晒功效，它是建立在人体测定的基础上，根据中波紫外线照射皮肤产生红斑的情况而计算出的一个量化指标（经防护的皮肤出现红斑所需的最小照射剂量或最短时间，与未经防护皮肤出现红斑所需的最小照射剂量或最短时间的比值）。鉴于 SPF 的定义是建立在人体测定的基础上的，因此，采用人体皮肤试验技术（即"人体法"）测定 SPF，已成为国际上的标准模式。各主要国家（包括中国）的法规都建立和规定了"人体法"的标准方法，用于测定并标注防晒化妆品的 SPF。现在，越来越多的厂家生产出高倍 SPF 产品，实际上在日常情况下，选用 SPF 10~15 的产品就能达到较好的防护效果；如果暴露在阳光下的时间较长，特别是旅游、游泳等户外活动，则可选择 SPF 较高的产品，如 SPF 15~25 的产品。

UVA 与 UVB 的波段不同，因此，能有效防护 UVA 的产品不一定能有效防护 UVB，反之亦然。兼有 UVA 和 UVB 防护效果的宽谱防晒化妆品，一般都会在标签上加以说明（如"UVA/UVB"防护）。UVA 防护产品的表示是根据所测 PFA 的大小在产品标签上标识 UVA 防护等级 PA（Protection of UVA）。PFA 只取整数部分，按下述换算成 PA 等级：PFA 小于 2，无 UVA 防护效果；PFA2~3，PA 为+；PFA4~7，PA 为++；PFA8 或 8 以上，PA 为+++。

PA 的防护程度以+，++，+++三种强度来标识，"+"越多，防止 UVA 的效果就越好。

在彩妆产品中使用的有机防晒剂必须满足以下 5 个要素：

① 对皮肤不会引起光毒性、光敏性的高安全性物质。

② 对 UVA 或 UVB 有强烈的吸收带。

③ 对紫外线和高温有稳定性，不会因此分解和变化。

④ 与化妆品的基剂成分有良好的相容性，容易进行配合。

⑤ 与基剂配合时不会影响使用感。

在彩妆产品中使用的无机防晒剂主要有二氧化肽和氧化锌，它们一般也可以作为颜料配合在基剂部分，其化学稳定性和安全性很好，而且对 UVA 和 UVB 均有抵御功能。而未经处理的无机紫外线防晒剂，由于对可见光也同样散射，所以有上妆时产生不自然的白色感、涂敷时延展性不佳、微粒化时光活性高等缺点。

由于防晒化妆品属特殊用途化妆品，按照我国《化妆品监督管理条例》的规定，经国务院药品监督管理部门注册后方可生产、进口。目前，许多彩妆产品也加入了防晒剂，多数以配合二氧化肽、云母、滑石粉及氧化铁等无机粉末为主体，虽然对紫外线有一定的散射效果，但对紫外线的防御是不够的。要想追求较好的紫外线防御效果，必须配合有机紫外线吸收剂、无机紫外线护御剂等。所以设计开发具有紫外线防御效果的彩妆品配方时，需要考虑产品自身的功能、性质、安全性，即紫外线防御效果与彩妆的光学特性以及所宣称的涂抹时的透明感、使用性、安全性等。

5. 婴幼儿护理用品

婴幼儿护理用品可分为两大类：一类是要洗去的产品，另一类是在皮肤上保留的产品。前一类包括婴幼儿香皂、浴液、香波等，后一类产品则指婴幼儿爽身粉、油（膏）、霜（蜜）等。

（1）婴幼儿香皂

制造婴幼儿固体香皂一般使用水溶性较低的表面活性剂。为达到低刺激与易浇铸的目的，一般使用脂肪酸的、酰基谷氨酸的及酰基羟乙磺酸的钠盐复配而成，并加入油性成分，以减缓其脱脂能力。另外，皂化后的甘油最好不要除去，以制备透明香皂。

（2）婴幼儿浴液与香波

这类产品的一般要求是对皮肤与黏膜特别温和，具有丰富的泡沫以讨儿童欢心，漂洗性能好、低毒，以防止儿童误服而造成潜在风险。传统阴离子配方具有优异的泡沫与清洁性能，但对婴幼儿的皮肤与眼睛刺激较大，况且婴幼儿的皮肤又不太脏。为取得性能温和的婴幼儿清洁用品，多年来主要进行了以下三方面的工作：在传统清洁产品配方基础上加入抵抗或减缓刺激的成分，如加入聚氧乙烯（150）双硬脂酸酯、水解蛋白等；通过复配各种表面活性剂取得低刺激混合物；开发性能优异的新表面活性剂，如近年来出现的糖酯与聚甘油醚，不仅安全温和，而且其他性能也很优异。在婴幼儿香波中，近年也出现了大量配有调理剂的二合一香波，也有二合一浴波以及消毒洗手液等产品。

（3）婴幼儿爽身粉

爽身粉的基本功能是干燥、保护与润滑。其最基本的原料为滑石粉，在选料上应注意其重金属含量、细菌数、粒度及颗粒形状，以保证其安全性及效果。另外，高岭土、云母、二氧化硅、脂肪酸的金属皂（Zn，Al，Mg，Ca 等）纤维素及淀粉等都可作为爽身粉的原料。近几年来，越来越多的厂家开发由淀粉组成的爽身粉，这是爽身粉发展的一个方向，国内也有人尝试使用花粉。另外，爽身粉在强调温和性与功能性的同时，还应注意其粉尘影响，以免婴幼儿使用而导致吸入肺部或飞入婴幼儿眼睛。

（4）婴幼儿油（膏）

传统的婴幼儿油（膏）为矿物油。保证婴幼儿油（膏）温和性的关键是控制原料的纯度，矿物油中的微量元素等芳香族物质是引起刺激的原因。为使产品有良好的手感，也常用如硅油与酯类润肤剂。近年来，新发展的婴幼儿油有：一是由天然植物油制备婴幼儿油，具有良好的皮肤亲和性，它比矿物油对皮肤更有益；二是乳化态婴幼儿油，在形成封闭效果的同时，给皮肤以特殊滋润。

（5）婴幼儿霜（蜜）

婴幼儿霜（蜜）为婴幼儿皮肤提供有效滋润与保护，防止婴幼儿皮肤干燥和皲裂。另外，它能有效缓解婴幼儿尿布对皮肤的浸泡，在皮肤与尿布之间提供润滑，以减缓尿布对皮肤的摩擦。传统的婴幼儿霜（蜜）一般为油/水型，近年来不少生产商开发了水/油型的蜜，它在婴幼儿皮肤上更有效。在原料的选择上，更多的生产企业趋向使用天然原料。

6. 纳米化妆品

如今的纳米技术俨然成了护肤品研制方向的新宠，把纳米技术应用到化妆品中，护肤、美容的效果就会更好。1980 年，迪奥首先将脂质体技术引入化妆品作为市场卖点，此后，为取悦消费者，很多化妆品生产企业将纳米技术概念融入产品配方。什么是纳米粒子？从胶体化学角度看，它是指粒径大于 $1\sim100nm$ 的微粒，也有人认为凡是粒径在 $100nm\sim1\mu m$ 的微粒都具有纳米微粒所特有的纳米效应，如体积效应、表面效应、量子尺寸效应和宏观量子隧道效应。现如今，已有大量纳米材料被用于化妆品生产中，如纳米金属氧化物、纳米聚合物、富勒烯、纳米晶体、纳米脂质体及纳米液体溶剂等。

研究发现，纳米粒子可提高化妆品配方中原料的稳定性，特别是不稳定的不饱和脂肪酸、维生素、抗氧化剂等，通过纳米微胶囊技术提高了这些原料的稳定性。另外，对紫外吸收剂经过纳米技术处理后可提高其 UV 防护能力，并降低对皮肤的刺激性。纳米技术使化妆品外观更加美观，而且增强了某些活性物的透皮吸收。对于纳米化妆品，国内甚至国际上还没有统一的标准。国际纳米产品的标准为粒径小于 100nm，但能够达到这个标准的企业较少，大部分纳米产品的粒径都在 200nm 以上。

目前，尚无证据证明应用纳米技术的化妆品对人体健康会产生危害。但是科学家仍担心纳米粒子的强渗透性可能会透过真皮层，进入血液循环系统，从而进入人体器官，威胁身体健康。据了解，纳米技术曾被用于人造纤维和药品。2004 年，英国政府公布了皇家学会和工程院关于调查纳米粒子和纳米纤维对人体健康和环境危害的报告，报告指出，含纳米粒子的化妆品对人体可能有害，因为纳米粒子是以不可预测的方式作用，对人体具有潜在毒性。

七、安全使用化妆品

化妆品已成为人们生活中不可缺少的用品，然而，随着化妆品种类日趋繁多、成分日趋复杂，因化妆品使用不当而引起的各类皮肤不良反应时有发生。化妆品引起皮肤不良反应的原因主要有以下几个方面：

① 化妆品中防腐剂、芳香化合物、色素等添加成分的刺激作用，导致皮肤红肿，出现皮疹脱皮，最后引起色素沉着。

② 某些高营养的化妆品受到污染，其营养物质和毛囊内分泌物成为微生物的培养基，使细菌进入毛孔并大量繁殖，引起皮肤痤疮和毛囊炎。

③ 长期使用药物化妆品，使药物含有的毒性在治疗各种皮肤疾病的同时，对皮肤产生一定的刺激，出现灼热、脱屑、瘙痒等症状。

④ 化妆品的重金属成分超标，一旦使用了不合格化妆品导致重金属中毒，就可能引发神经衰弱、乏力、烦躁、色素沉着等症状。

要安全使用化妆品，避免引发皮肤不良反应，须做到以下几点：

（1）要选用优质化妆品

好的化妆品从外观上看，应该颜色鲜明、清雅柔和、膏体均匀；从气味上辨别，有的淡雅，有的浓烈，但应很纯正，无刺鼻的怪味；从感觉上体验，应质地细腻且能均匀紧致地附着于肌肤，有滑润舒适的感觉。

（2）要妥善保管和使用化妆品

化妆品的保存温度不宜过高，高温会造成油水分离，膏体干缩；要避免阳光或灯光直射，阳光中的紫外线能使化妆品中的一些物质发生化学变化；对暂时不用的化妆品可置于低温阴暗处保存，但切忌冷冻储存，因冷冻会使化妆品发生冻结现象，而解冻后会出现油水分离、质地变粗，对皮肤有刺激作用。化妆品要在有效期内使用，开封后存放的期限要短一些，避免使用过程中受到污染变质。若发现化妆品中有气泡、异味、颜色改变、变稀或出水，则说明化妆品已变质，不宜使用。

（3）要恰当选用化妆品

要根据自己的肤质、年龄和季节等特点选用护肤品。油性皮肤要用爽净型的乳液类护肤品，干性皮肤要用富有营养的润泽性护肤品，中性皮肤要用性质温和的护肤品；儿童皮肤娇嫩，须用儿童专用护肤品，年长者皮肤干薄应选用含油分、保湿因子及维生素 E 等成分的护肤品；寒冷季节宜选用滋润、保湿性能强的护肤品，而在夏季宜选用清爽型护肤品。如果皮肤容易过敏，应尽量选用成分简单、色泽、气味清淡的护肤品。在选择新品牌时，先在耳后、手背等处反复试涂几次，待一段时间后皮肤未出现过敏反应再使用。

使用化妆品是为了达到清洁、护肤、美容修饰的目的，从而起到改变容颜、增加魅力、焕发青春的作用，因此，确保化妆品使用的安全性，预防化妆品对人体产生不良反应是十分必要的。

任务二 化妆品基本工艺

一、化妆品分类

化妆品主要按产品功能、使用部位来划分，对于多功能、多使用部位的化妆品以产品主要功能和主要使用部位来划分类别。

国务院新颁布的《化妆品监督管理条例》中将化妆品分为特殊化妆品和普通化妆品。用于染发、烫发、祛斑美白、防晒、防脱发的化妆品以及宣称新功效的化妆品为特殊化妆品。特殊化妆品以外的化妆品为普通化妆品。国务院药品监督管理部门根据化妆品的功效宣称、作用部位、产品剂型、使用人群等因素，制定、公布《化妆品分类规则和分类目录》。

国家质量监督检验检疫总局（现为国家市监督管理总局）、中国国家标准化管理委员会2017 年 11 月 1 日发布，2018 年 5 月 1 日实施的《化妆品分类》(GB/T 18670—2017) 标准规定，化妆品可分为以下几类：

（1）清洁类化妆品

以涂抹、洒、喷或其他类似方法，施于人体表面（如皮肤、毛发、指甲、口唇等），达到清洁和修正人体气味、保持良好状态目的的化妆品。

（2）护理类化妆品

以涂抹、喷、洒或其他类似方法，施于人体表面（如皮肤、毛发、指甲、口唇等），起到保养、修饰、保持良好状态目的的化妆品。

（3）美容/修饰类化妆品

以涂抹、喷、洒或其他类似方法，施于人体表面（如皮肤、毛发、指甲、口唇等），起到美化、修饰、芳香、改变外观、呈现良好状态目的的化妆品。

常用化妆品归类举例见表 2-2。

表 2-2　　　　　　　　　　　　　　　　常用化妆品归类举例

部位	功能		
	清洁类化妆品	护理类化妆品	美容/修饰类化妆品
皮肤	洗面奶（膏） 卸妆油（液、乳） 卸妆露 清洁霜（蜜） 面膜 浴液 洗手液 洁肤啫喱 花露水 洁颜粉 洁面粉	护肤膏（霜） 护肤乳液 化妆水 面膜 护肤啫喱 润肤油 按摩精油 按摩基础油 花露水 痱子粉 爽身粉	粉饼 胭脂 眼影（膏） 眼线笔（液） 眉笔（粉） 香水 古龙水 香粉（蜜粉） 遮瑕棒（膏） 粉底液（霜） 粉条 粉棒 腮红 粉霜
毛发	洗发液 洗发露 洗发膏 剃须膏	护发素 发乳 发油/发蜡 焗油膏 发膜 睫毛基底液 护发喷雾	定型摩丝/发胶 染发剂 烫发剂 睫毛液（膏） 生（育）发剂 脱毛剂 发蜡 发用啫喱水 发用漂浅剂 定型啫喱膏
指甲	洗甲液	护甲水（霜） 指甲硬化剂 指甲护理油	指甲油 水性指甲油
口唇	唇部卸妆液	润唇膏 润唇啫喱 护唇液（油）	唇膏 唇彩 唇线笔 唇油 唇釉 染唇液

国家市场监督管理总局2021年8月2日公布，2022年1月1日实施的《化妆品生产经营监督管理办法》中，对于化妆品的划分新增了皂基单元。

此外，根据化妆品的基质类型，还可以将化妆品划分为：

① 液态水基类。乳液、花露水。

② 液态油基类。按摩油、润发油、洗手液、洗面奶、洗发水、护肤油、卸妆油、精华油。

③ 液态气雾剂类。喷雾。

④ 液态有机溶剂类。香水、狐臭净。

⑤ 凝胶类。凝胶面膜、啫喱、凝胶牙膏。

⑥ 膏霜乳液类。面霜、乳霜、护肤乳、染发膏、防晒霜。

⑦ 粉类。粉底霜、修颜霜、散粉、粉饼、香粉、湿粉、蜜粉、痱子粉、爽身粉。

⑧ 蜡基类。唇膏、发蜡。

⑨ 皂类。香皂（宣称具有特殊化妆品功效的）。

按使用对象分：

① 婴幼儿用。婴幼儿皮肤娇嫩，抵抗力弱，配制时应选用低刺激性原料，香精也要选择低刺激性的优质品。

② 少年用。少年皮肤处于发育期，皮肤状态不稳定，且极易长粉刺。可选用调整皮脂分泌作用的原料，配制弱油性化妆品。

③ 男用。男性多属于脂性皮肤，应选用适于脂性皮肤的原料。剃须膏、须后液是男性专用化妆品。

④ 孕妇用。女性在孕期内，因雌激素和黄体素分泌增加，肌肤自我保护和修复能力不足以应对日益增加的促黑激素，进而引起黑色素增多，导致皮肤色素加深，此时的肌肤最惧怕紫外线及辐射，它们会迅速击垮肌肤的防御能力，令肌肤能量骤减，逐渐产生孕斑，同时，衰减的肌肤能量也无法对抗由于产生的肌肤储水能力及细胞新陈代谢能力下降的威胁，进而导致缺水、干燥、出油、粉刺、痘痘、敏感，甚至炎症等一系列肌肤问题。因此，要格外注意孕期内的皮肤护理。

⑤ 中老年用。中老年人皮下脂肪减少，皮肤干燥，防御功能下降，因此，原料选用适当营养型的。

二、化妆品基本工艺

① 液态水基类化妆品基本工艺如下：

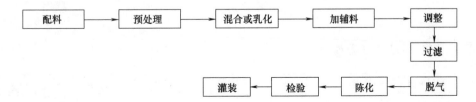

② 液态油基类化妆品基本工艺如下：

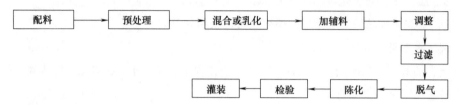

③ 液态气雾剂类化妆品基本工艺如下：

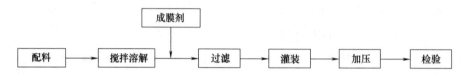

④ 液态有机溶剂类化妆品基本工艺如下：

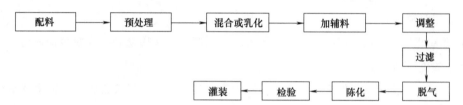

⑤ 凝胶类化妆品基本工艺如下：

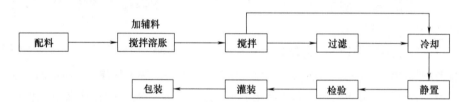

⑥ 膏霜乳液类化妆品基本工艺如下：

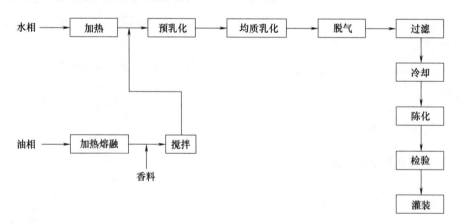

⑦ 粉类化妆品基本工艺如下：

⑧ 蜡基类化妆品基本工艺如下：

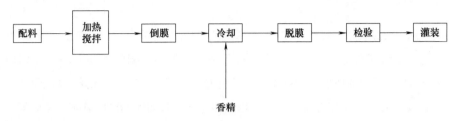

⑨ 皂类化妆品基本工艺如下：

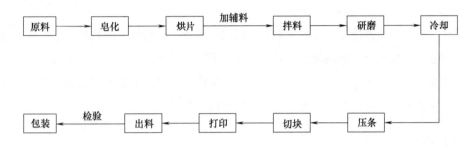

任务三 制作膏霜乳液类化妆品

一、生产程序

1. 油相的制备

将油、脂、蜡、乳化剂和其他油溶性成分加入夹套溶解锅内，开启蒸汽加热，在不断搅拌条件下加热至 70~75℃，使其充分熔化或溶解均匀待用。要避免过度加热和长时间加热，防止原料成分氧化变质。容易氧化的油分、防腐剂和乳化剂等可在乳化之前加入油相，溶解均匀，即可进行乳化。

2. 水相的制备

先将去离子水加入夹套溶解锅中，再把水溶性成分如甘油、丙二醇、山梨醇等保湿剂、碱类、水溶性乳化剂等加入其中，搅拌下加热至 90~100℃，维持 20min 灭菌，然后冷却至 70~80℃待用。如配方中含有水溶性聚合物，应单独配制，将其溶解在水中，在室温下充分搅拌使其均匀溶胀，注意防止结团，如有必要可进行均质，在乳化前加入水相。应避免长时间加热，以免引起黏度变化。为补充加热和乳化时挥发掉的水分，可按配方多加 3%~5% 的水，精确数量可在第一批制成后分析成品水分而求得。

3. 乳化和冷却

上述油相和水相原料通过过滤器按照一定的顺序加入乳化锅内，在一定温度（如 70~80℃）条件下，进行一定时间的搅拌和乳化。乳化过程中，油相和水相的添加方法（油相加入水相或水相加入油相）、添加的速度、搅拌条件、乳化温度和时间、乳化器的结构和种类等对乳化体粒子的形状及其分布状态都有很大影响。均质的速度和时间因不同的乳化体系而异。如配方中含有维生素或具有热敏性的添加剂，应在乳化后较低温度下加入，以确保其活性，但应注意其溶解性能。

乳化后，乳化体系要冷却到接近室温。卸料温度取决于乳化体系的软化温度，一般应使其借助自身的重力，能从乳化锅内流出为宜。当然也可用泵抽出或用加压空气压出。冷却方式一般是将冷却水通入乳化锅的夹套内，一边搅拌，一边冷却。必须根据不同乳化体系，选择最优条件。特别是从实验室小试转入大规模工业化生产时尤为重要。

4. 陈化和灌装

一般是储存陈化 1 天或几天后再用灌装机灌装。灌装前须对产品进行质量检验，质量合格后方可进行灌装。

二、工艺要点

1. 乳化剂的加入方法

（1）乳化剂溶于水中的方法

这种方法是将乳化剂直接溶解于水中，然后在激烈搅拌作用下慢慢地把油加入水中，制成油/水型乳化体。如果要制成水/油型乳化体，那么就继续加入油相，直到转相变为水/油型乳化体为止。此法所得的乳化体颗粒大小很不均匀，因而也不是很稳定。

（2）乳化剂溶于油中的方法

将乳化剂溶于油相（用非离子表面活性剂作乳化剂时，一般用这种方法），有两种方法可得到乳化体：

① 将乳化剂和油脂的混合物直接加入水中形成油/水型乳化体。

② 将乳化剂溶于油中，将水相加入油脂混合物中，开始时形成水/油型乳化体，当加入多量的水后，黏度突然下降，转相变型为油/水型乳化体。

这种制备方法所得乳化体颗粒均匀，其平均直径约为 0.5μm。

（3）乳化剂分别溶解的方法

这种方法是将水溶性乳化剂溶于水中，油溶性乳化剂溶于油中，再把水相加入油相中，开始形成水/油型乳化体，当加入多量的水后，黏度突然下降，转相变型为油/水型乳化体。如果要制备水/油型乳化体，可先将油相加入水相生成油/水型乳化体，再经转相生成水/油型乳化体。采用这种方法制得的乳化体颗粒也较细。

（4）初生皂法

用皂类稳定的油/水型或水/油型乳化体都可以用这个方法来制备。将脂肪酸类溶于油中，碱类溶于水中，加热后混合并搅拌，两相接触在界面上发生中和反应生成肥皂，起乳化作用。这种方法能得到稳定的乳化体。例如硬脂酸钾皂制成的雪花膏，硬脂酸胺皂制成的膏霜、奶液等。

（5）交替加液的方法

在空的容器里先放入乳化剂，然后边搅拌边少量交替加入油相和水相。这种方法对于乳化植物油脂是比较适宜的，在食品工业中应用较多，在化妆品生产中此法很少应用。

以上几种方法中，第（1）种方法制得的乳化体较为粗糙，颗粒大小不均匀，也不稳定；第（2）、第（3）、第（4）种方法是化妆品生产中常采用的方法，其中第（2）和第（3）种方法制得的产品的颗粒较细，较均匀，也较稳定，应用最多。

2. 混合速度

分散相加入的速度和机械搅拌的快慢对乳化效果十分重要，可以形成内相完全分散的良好乳化体系，也可形成乳化不好的混合乳化体系，后者主要由于内相加得太快和搅拌效力差所造成。乳化操作的条件影响乳化体的稠度、黏度和乳化稳定性。研究表明，在制备油/水型乳化体时，最好的方法是在激烈的持续搅拌下将水相加入油相中，且高温混合较低温混合好。

在制备水/油型乳化体时，建议在不断搅拌下，将水相慢慢地加到油相中去，可制得内相粒子均匀、稳定性和光泽性好的乳化体。

必须指出的是，由于化妆品组成的复杂性，对于任何一个配方都应进行加料速度试验，以求最佳的混合速度制得稳定的乳化体。

3. 温度控制

制备乳化体时，除了控制搅拌条件外，还要控制温度，包括乳化时与乳化后的温度。

由于温度对乳化剂溶解性和固态油、脂、蜡的熔化的影响，乳化时温度控制对乳化效果影响很大。如果温度太低，乳化剂溶解度低，且固态油、脂、蜡未熔化，乳化效果差；若温度太高，加热时间长，冷却时间也长，就会浪费能源，拖延生产周期。一般常使油相温度控制在高于其熔点 $10\sim15℃$，而水相温度稍高于油相温度。通常膏霜类要在 $75\sim95℃$ 条件下进行乳化。最好将水相加热至 $90\sim100℃$，维持 $20min$ 灭菌，然后再冷却到 $70\sim80℃$ 进行乳化。在制备水/油型乳化体时，水相温度高一些，此时水相体积较大，水相分散形成乳化体后，随着温度的降低，水珠体积变小，有利于形成均匀、细小的颗粒。如果水相温度低于油相温度，两相混合后可能使油相固化（油相熔点较高时），影响乳化效果。

冷却速度的影响也很大，通常较快的冷却能够获得较细的颗粒。但冷却速度太快，高熔点的蜡就会产生结晶，导致乳化剂所生成的保护胶体的破坏，因此，冷却的速度最好通过试验来决定。

4. 香精和防腐剂的加入

（1）香精的加入

香精是易挥发性物质，在温度较高时易挥发，而且会发生一些化学反应，使香味变化，也可能引起颜色变深，因此一般化妆品中香精的加入都是在后期进行。对乳液类化妆品，一般待乳化已经完成并冷却至50~60℃时加入香精。如在真空乳化锅中加入香精，这时不应开启真空泵，而只维持原来的真空度即可，吸入香精后搅拌均匀。对敞口的乳化锅而言，由于温度高，香精易挥发损失，因此加香精温度要控制低一些，但温度过低使香精不易分布均匀。

（2）防腐剂的加入

微生物的生存是离不开水的，因此水相中防腐剂的浓度是影响微生物生长的关键。乳液类化妆品含有水相、油相和表面活性剂，而常用的防腐剂往往是油溶性的，在水中溶解度较低。有的化妆品生产商，常把防腐剂先加入油相中再乳化，这样防腐剂在油相中的分配浓度就较大，在水相中的浓度就小。非离子表面活性剂往往也加在油相中，可使防腐剂增加溶解性，溶解在油相中和被表面活性剂胶束增溶的防腐剂对微生物是没有抑制作用的，因此，待油水相混合乳化完毕后是加入防腐剂的最佳时机，这时可获得水中最大的防腐剂浓度。当然，温度不能过低，否则分布不均匀，有些固体状的防腐剂最好先用溶剂溶解后再加入。例如，尼泊金酯类就可先用温热的乙醇溶解，再加到乳液中能保证分布均匀。配方中如有盐类，固体物质或其他成分，最好在乳化体形成及冷却后加入，否则易造成产品的发粗现象。

5. 黏度的调节

影响乳化体黏度的主要因素是连续相的黏度，因此，乳化体的黏度可以通过增加外相的黏度来调节。对于油/水型乳化体，可加入合成的或天然的树胶和适当的乳化剂，如钾皂、钠皂等。对于水/油型乳化体，加入多价金属皂和高熔点的蜡和树胶到油相中，可增加体系黏度。

三、膏霜的主要质量问题

膏霜在制造及储存和使用过程中，较易发生如下变质现象：

1. 失水干缩

对于油/水型乳化体，包装容器或包装瓶密封不好，长时间放置或高温是造成膏体失水干缩的主要原因，这是膏霜常见的变质现象。

2. 起面条

硬脂酸用量过多或单独选用硬脂酸与碱类中和，保湿剂用量较少或产品在高温、水冷条件下，乳化体被破坏是造成膏霜在皮肤上涂敷后起面条的主要原因。失水过多也会出现这种现象，一般加入适量保湿剂、单甘酯、十六醇或在加入香精时一同加入 18 号白油，可避免此问题。

3. 膏体粗糙

解决膏体粗糙的方法是第二次乳化，造成膏体粗糙的原因有如下几点：
① 碱和水没有充分混合，高浓度碱与硬脂酸快速反应，形成大颗粒透明肥皂。
② 碱过量，也会出现粗颗粒。
③ 开始搅拌不充分，一部分皂化物与硬脂酸形成难溶性透明颗粒或硬块。
④ 过早冷却，搅拌乳化时间短，硬脂酸还未被乳化剂充分分散就开始凝结。
⑤ 乳化剂添加量不够或与油相的相容性不好，未形成乳化体，油脂和硬脂酸上浮。
⑥ 高分子聚合物没有分散溶解彻底，有透明鱼眼。
⑦ 对于水包油型体系，提取物或其他原料带入较高含量的电解质。
⑧ 油相本身相容性不够或油相之间的熔点差异太大。
⑨ 冷却速度过快。

4. 出水

出水是严重的乳化体破坏现象，多数是配方中的碱量不够或乳化剂选择不适当，含有较多盐分等原因。盐分是电解质，能将硬脂酸钾自水中析出，称为盐析，主要成分被盐析，乳化体必然被破坏。经过严重冰冻或含有大量石蜡、矿油、中性脂肪等也会引起出水。

5. 霉变及发胀

微生物的存在是造成该现象的主要因素。一方面若水质差，煮沸时间短，反应容器及盛料、装瓶容器不清洁，原料被污染，包装放置于环境潮湿、尘多的地方以及敞开过的膏霜，均易存在微生物。另一方面，未经紫外线灯的消毒杀菌，致使微生物较多地聚集在产品中，在室温（30~35℃）条件下长期储放，微生物大量繁殖，产生 CO_2 气体，使膏体发胀，溢出瓶外，擦用后对人体皮肤造成危害，故严格控制环境卫生和原料规格，注意消毒杀菌，是保证产品质量的重要环节。

6. 变色、变味

主要是香精中醛类、酚类等不稳定成分用量过多，日久或日光照射后色泽变黄。另一种原因是油性原料碘价过高，不饱和键被氧化使色泽变深，产生酸败臭味。

四、乳液类化妆品的主要质量问题

1. 乳液稳定性差

稳定性差的乳液在显微镜下观察，内相的颗粒是分散度不够的丛毛状油珠，当丛毛状油珠相互联结扩展为较大的颗粒时，产生了凝聚油相的上浮，呈稠厚浆状，在考验产品耐热的恒温箱中易见到。解决办法是适当增加乳化剂用量或加入聚乙二醇 600 硬脂酸酯、聚氧乙烯胆固醇醚等，提高界面膜的强度，改进颗粒的分散程度。乳液稳定性差的另外一个原因可能是产品黏度低，两相密度差较大。解决办法是增加连续相的黏度（加入胶质如 Carbopol 941），但应保持乳液在瓶中适当的流动性，选择和调整油水两相的相对密度，使之比较接近。

2. 储存过程中黏度逐渐增加

其主要原因是大量采用硬脂酸及其衍生物作为乳化剂，如单硬脂酸甘油酯等，容易在储存过程中增加黏度，经过低温储存，黏度增加更为显著。解决办法是避免采用过多硬脂酸、多元醇脂肪醇酯类和高碳脂肪酸以及高熔点的蜡、脂肪酸酯类等，适量增加低黏度白油或低熔点的异构脂肪酸酯类等。

3. 颜色泛黄

主要是香精内有变色成分，如醛类、酚类等，这些成分与乳化剂硬脂酸三乙醇胺皂共存时更易变色，日久或日光照射后颜色泛黄，应选用不受上述影响的香精。其次是选用的原料化学性能不稳定，如含有不饱和脂肪酸或其衍生物，或含有铜、铁等金属离子等，应避免选用不饱和键含量高的原料，应采用去离子水和不锈钢设备。

任务四　制作水剂类化妆品

一、香水、古龙水、花露水的生产

香水、古龙水、花露水的生产工艺基本相似，主要包括生产前准备工作、配料混合、储存、冷冻过滤、灌装等。

香水类主要是以酒精溶液为基质的透明液体，这类产品必须保持清晰透明，香气纯净无杂味，即使在 5℃ 左右的低温，也不能产生混浊和沉淀。因此，对这类产品所用原料、包装容器和设备的要求是极严格的。特别是香水用酒精，不允许含有微量不纯物（如杂醇油等），否则会严重损害香水的香味。包装容器必须是优质的中性玻璃，与内容物不会发生作用。所用色素必须耐光，稳定性好，不会变色，或采用有色玻璃瓶。设备最好用不锈钢或耐酸搪瓷材料。

香水、古龙水和花露水用水要求采用新鲜蒸馏水或经灭菌的去离子水，不允许有微生物存在，水中的微生物虽然会被加入的乙醇杀灭而沉淀，但此类有机物对芳香物质的香气有影响。如果有铁质，则对不饱和芳香物质发生诱导氧化作用，含有铜也是如此，所以需要加入柠檬酸钠或 EDTA 等螯合剂，同时这可以增加防腐作用。包装瓶子最后水洗时也最好用去离子水，可以除掉痕量的金属离子，以保护香气组分，防止金属催化氧化，稳定色泽和香气。

生产前准备工作：酒精对香水、古龙水、花露水等影响很大，特别是香水，不能带有丝毫杂味，否则会使香气受到破坏。一般香水、古龙水、花露水都用95%酒精。香水用酒精要经过精制，其方法如下：

① 一般可在酒精中加入1%氢氧化钠（也有用硝酸银等药品）煮沸回流数小时后，再经1次或多次分馏，收集其气味最纯正的部分来制备香水。

② 在1L酒精中加入0.01~0.05g高锰酸钾粉末，充分搅拌溶化，放置一夜，原呈紫色的溶液渐渐产生褐色（二氧化锰）沉淀，成为无色澄清液。过滤后，加微量碳酸钙蒸馏，初馏液约除去10%，还有约10%残留物，取用中间80%的馏分。

③ 在酒精中约加1%活性炭，经常搅拌，放置数日后，过滤待用。

配制高级香水所用酒精，除了经过上述方法脱臭外，还要在酒精中预先加入少量香料，再经过较长时间的陈化。所用香精，如秘鲁香脂、吐鲁香脂、安息香树脂等，加入量约为0.1%；赖百当浸胶、橡苔浸胶、鸢尾草根油、防风根油等，加入量约为0.05%。名贵香水常采用加入天然动物香料或香荚兰豆等经过陈化的酒精来配制。

古龙水含有乙醇、去离子水、香精和微量色素等。香精用量一般在3%~8%，香气不如香水浓郁。古龙水的生产过程基本上和香水是一致的。一般古龙水的香精中含有香柠檬油、柠檬油、薰衣草油、橙叶油等，古龙水的乙醇含量为75%~80%。传统的古龙水其香型是柑橘型的，香精用量1%~3%，乙醇含量65%~75%；其他香型可以根据具体情况而定。

花露水制作方法和制造原理基本与香水和古龙水相似。花露水用乙醇、香精、蒸馏水（或去离子水）为主体，辅以少量螯合剂柠檬酸钠、抗氧剂二叔丁基对甲酚0.02%（防止香精被氧化）和耐晒的水（醇）溶性颜色，颜色以淡湖蓝、绿、黄为宜，体现清凉的感觉，价格较香水低廉。花露水的香精用量一般在2%~5%，习惯上也是以清香的薰衣草油为主体（薰衣草香型），酒精含量为70%~75%。

配料混合一般是按规定配方以重量为单位进行配制，配制前必须严格检查所配制香水、古龙水或花露水与需要的香精名称是否相符。先将乙醇放入密闭的容器内，同时加入香精、颜料，搅拌（也可用压缩空气搅拌），最后加入去离子水（或蒸馏水）混合均匀，然后开动泵，把配制好的香水或花露水输送到储存罐。

储存成熟是为了保证香气质量，配制好的香水或花露水先要进行静置储存。花露水、古龙水在配制后需要静置 24 小时以上；香水至少静置 1 个星期以上，高级香水静置 1 个月以上。关于香水、古龙水、花露水成熟期需要的时间，根据产品特点有所不同，一般来说，成熟期能长一些更好，如香水 6~12 个月，古龙水 3~6 个月。如果古龙水的香精中含萜及不溶物较少，则可缩短成熟期。具体成熟期可视各厂实际情况而定。

冷冻过滤时，过滤一般用板框式压滤机，以碳酸镁作助滤剂，其最大压力一般不得超过 $(1.5~2) \times 10^5 Pa$。根据滤板的多少和受压面积大小，规定适量的碳酸镁用量。先用适量的碳酸镁混合一定量的香水或花露水，均匀混合后吸入压滤机，待滤出液达到清晰度要求后进行压滤。香水压滤出来时温度不超过 5℃，花露水、古龙水压滤出来时的温度不得超过 10℃，这样才能保证香水水质清晰度 5℃ 的指标和花露水、古龙水水质清晰度 10℃ 的指标。

灌装前必须对瓶子清洁度进行检查。装瓶时，应在瓶颈处空出 4%~7.5% 容积，预防储藏期间瓶内溶液受热膨胀而导致瓶子破裂。装瓶时宜在室温（20~25℃）下操作。

二、化妆水类制作工艺

较常用的化妆水有润肤化妆水、收敛性化妆水、柔软性化妆水等。

1. 润肤化妆水

润肤化妆水兼有去垢和柔软作用。去垢剂的主要成分是非离子表面活性剂、两性表面活性剂，也添加甘油、丙二醇、低分子聚乙二醇等保湿剂，以帮助去垢并吸收空气中的水分，使皮肤柔软。

2. 收敛性化妆水

收敛性化妆水用于减少皮肤的过量油分，使毛孔收缩，防止皮肤粗糙，适用于多油性皮肤，也可用于非油性皮肤化妆前的修饰。通常是在晚上就寝前、早上化妆前和剃须后使用，起绷紧皮肤、收缩毛孔和调节皮肤的新陈代谢作用，用后有清凉舒适感。

收敛性化妆水分为化学收敛作用型和物理收敛作用型两类。前者是收敛剂作用于蛋白质，使之凝固，起收敛功效；后者的收敛功效是由物理作用引起的，如皮肤遇冷或液体而收敛的现象即为物理收敛作用。目前市场上销售的收敛性化妆水都为化学收敛作用型的，化学收敛剂又分为阳离子型和阴离子型两类。阳离子型收敛剂有明矾、硫酸铝、氯化铝、硫酸锌等，其中，以铝盐的收敛作用最强。阴离子收敛剂有丹宁酸、柠檬酸、硼酸、乳酸等，柠檬酸最为常用。为避免收敛剂对皮肤过分刺激，在生产中常添加非离子表面活性剂，使制品质地温和，并可提高使用效果。

3. 柔软性化妆水

这是给予皮肤适度的水分和油分、使皮肤柔软保持光滑湿润的透明化妆水，添加成分较多，用作保湿剂的有甘油、一缩二甘油、丙二醇、缩水二丙二醇、丁二醇、聚乙二醇类等多元醇及山梨糖醇、木糖醇等；使用的胶质有天然的植物性胶质如黄蓍胶、纤维素及其衍生物，合成的胶质有聚丙烯酸酯类、聚乙烯吡咯烷酮、聚乙烯醇等。与天然胶质相比，合成胶质应用广泛。天然胶质在触觉方面尚有长处，但使用起来有时以合成物为好。胶质溶液一般易受微生物污染，配方中必须有适当的防腐剂。此外，因金属离子会使胶质溶液的黏度起很大变化，配制胶质必须用去离子水，应绝对避免从容器、搅拌器等混入金属离子。

生产化妆水时，先在精制水中溶解甘油、丙二醇、聚乙二醇为代表性的保湿剂及其他水溶性成分，另在乙醇中溶解防腐剂、香料、作为增溶剂的表面活性剂以及其他醇溶性成分，将醇体系与水体系混合，增溶溶解，然后加染料着色，再过滤（瓷器滤、滤纸滤、滤筒滤任取一种方法）除去灰尘、不溶物质，即得澄清化妆水。对于香料、油分等增溶物较多的化妆水，可以用不影响成分的助滤剂完全除去不溶物质。

三、须后水、痱子水制作工艺

须后水是男用化妆水，用以消除剃须后面部紧绷及不舒服感，并有提神、清凉及杀菌等功效。香气一般采用馥奇型、薰衣草型、古龙香型。适当的酒精用量能产生缓和的收敛作用及提神的凉爽感觉，加入少量薄荷脑（0.05%~0.2%）则更为显著。酒精用量通常在40%~60%，超过60%则刺激性较大，低于40%则部分香精不能溶解。有些配方中用极少量薄荷脑，同时用一些表面皮肤麻痹剂如对氨基苯甲酸乙酯（0.05%~0.25%），注意切不可多用，否则会使嘴唇麻木。润湿性是须后化妆水的一个重要性质，在制备须后水时，必须加入湿润剂和亲油润肤剂，常用的有甘油、山梨醇和丙二醇，使用的含量一般不超过5%，它们通过控制皮肤和周围空气之间的水分转移来保持皮肤的水分，从而使皮肤柔软。聚乙二醇也可用作润湿剂，它形成的膜没有发黏和油腻感，须后水中常用的亲油润肤剂有长链脂肪酸及其酯、羊毛脂及其衍生物、烃类和磷脂等。若用肥皂剃须，则脸上留有碱性，较长时间才能恢复皮肤正常的pH，所以在须后水配方中加入少量的弱酸，如硼酸、乳酸、安息香酸等，可中和碱性，很快恢复皮肤原来的酸性。须后水加入少量的收敛剂来收缩毛孔，须选用刺激性较小的收敛剂。杀菌剂如季铵盐类，其用量通常不超过0.1%，应用于配方中预防剃须后出血引起发炎。季铵盐类是阳离子型杀菌剂，不能与阴离子型表面活性剂及肥皂同用，否则会失去药效。

四、水剂类化妆品质量控制

香水、化妆水类制品的主要质量问题是混浊和沉淀、变色、变味、刺激皮肤、严重干缩甚至香精析出分离等现象，有时在生产过程中即可发觉，但有时需要经过一段时间或不同条件下储存后才能发现，必须加以注意。

1. 混浊和沉淀

香水、化妆水类制品通常为清晰透明的液体状，即使在低温（5℃左右）时也不应产生混浊和沉淀现象。引起制品混浊和沉淀的主要原因可归纳为如下两个方面：

（1）配方不合理或所用原料不符合要求

在香水类化妆品中，酒精的用量较大，其主要作用是溶解香精或其他水不溶性成分，如果酒精用量不足，或所用香料含蜡等不溶物过多，都有可能在生产、储存过程中导致混浊和沉淀现象。特别是化妆水类制品，一般都含有水不溶性的香料、油脂类（润肤剂等）、药物等，除加入部分酒精用来溶解上述原料外，还要加入增溶剂（表面活性剂），如果加入水不溶性成分过多，增溶剂选择不当或用量不足，也会导致混浊和沉淀现象发生。

（2）生产工艺和生产设备的影响

为除去制品中的不溶性成分，生产中采用静置陈化和冷冻过滤等措施。如静置陈化时间不够，冷冻温度偏低，过滤温度偏高或压滤机失效等，都会使部分不溶解的沉淀物无法析出，在储存过程中产生混浊和沉淀现象。应适当延长静置陈化时间。

2. 变色、变味

（1）酒精质量不好

香水、化妆水类制品中大量使用酒精，因此，酒精质量的好坏直接影响产品的质量。所用酒精应经过适当的加工处理，以除去杂醇油等杂质。

（2）水质处理不好

古龙水、花露水、化妆水等制品除加入酒精外，为降低成本，还加有部分水。要求采用新鲜蒸馏水或经灭菌处理的去离子水，不允许有微生物或铜、铁等金属离子存在。因为铜、铁等金属离子对不饱和芳香物质会发生催化、氧化作用，导致产品变色、变味；微生物虽会被酒精杀灭而沉淀，但会产生令人不愉快的气味而破坏制品的气味，因此，应严格控制水质，避免上述不良现象的发生。

（3）空气、热或光的作用

香水、化妆水类制品中葵子麝香、洋茉莉醛、醛类、酚类等物质含有不饱和键，在空气、光和热的作用下会导致色泽变深，甚至变味，因此，在配方时应注意原料的选用或增用防腐剂或抗氧化剂。特别是化妆水，可用一些紫外线吸收剂，还应注意包装容器的密闭性，避免与空气接触，配制好的产品应存放在阴凉处，尽量避免光线的照射。

（4）碱性的作用

香水、化妆水类制品的包装容器要求中性，不可有游离碱，否则与香料中的醛类等起聚合作用而造成分离或混浊，致使产品变色、变味。

3. 刺激皮肤

发生变色、变味现象时，必然导致香水、化妆水类产品刺激性增大，长期使用会致使皮肤出现各种不良反应。应注意选用刺激性低的香料和纯净的原料，加强质量检验，选用新的原料时，要事先做好各种安全性试验。

4. 严重干缩甚至香精析出分离

由于香水、化妆水类产品中含有大量酒精，易于气化挥发。如包装容器密封不好，经过一定时间的储存，就有可能发生因酒精挥发而严重干缩，甚至香精析出分离，应严格检测瓶体、瓶盖以及内衬密封垫的密封程度，包装时要盖紧瓶盖。

任务五　制作气压式化妆品

气压式化妆品大致可以分为 5 大类：空间喷雾制品、表面成膜制品、泡沫制品、气压溢流制品、粉末制品。

① 空间喷雾制品。喷出呈细雾，颗粒小于 $50\mu m$，如香水、古龙水、空气清新剂等。

② 表面成膜制品。喷射出来的物质颗粒较大，能附着在物质的表面形成连续的薄膜，如亮发油、去臭剂、喷发胶等。

③ 泡沫制品。压出时立即膨胀，产生大量泡沫，如剃须膏、摩丝、防晒膏等。

④ 气压溢流制品。单纯利用压缩气体的压力使产品自动被压出，而形状不变，如气压式冷霜等。

⑤ 粉末制品。粉末悬浮在喷射剂内，和喷射剂一起喷出后，喷射剂立即挥发，留下粉末，如气压爽身粉等。

气压式化妆品使用时只要轻轻一按，内容物就会自动喷出来，其包装形式与普通制品不同，需要有喷射剂、气压容器和阀门。

一、喷射剂

气压制品依靠压缩或液化的气体压力将物质从容器内推压出来，这种供给动力的气体称为喷射剂，也称推进剂。

喷射剂可分为两大类：一类是压缩液化的气体，能在室温下迅速气化，这类喷射剂除了供给动力之外，往往和有效成分混合在一起成为溶剂或冲淡剂，与有效成分一起喷射出来后，由于迅速气化膨胀而使产品具有各种不同性质和形状；另一类是一种单纯的压缩气体，这一类喷射剂仅仅供给动力，它几乎不溶或微溶于有效成分中，因此对产品的性状没有什么影响。

1. 液化气体

常用的能够满足产品性能要求的液化气体有氟氯烃类、低级烷烃类和醚类。

我国规定从 1998 年 1 月 1 日起在化妆品中不可使用氟氯烃，现在越来越多的气压制品采用的是对环境无害的喷射剂替代产品，如低级烷烃和醚类。这类推进剂在大气层中能够被氧化成二氧化碳和水，因而对环境不会造成危害。醚类中较有实用价值的是二甲醚（CH_3OCH_3），这种气体的气味很强，很难用于芳香制品，但和常用的高聚物相容性很好，可作为气压式定发制品的喷射剂。由于它是易燃易爆物质，在生产、储存和使用过程中应注意安全。低级烷烃主要有丙烷、正丁烷和异丁烷，其优点是气味较少，价格低廉。它们是易燃易爆气体，生产、储存和使用过程中应特别注意。低级烃类和二甲醚的密度比氟氯烃小很多，如用和氟氯烃相同重量的醚或烃作喷射剂，它们的体积将增加 1 倍以上，这就意味着有效物含量将会减少。使用时每按一次喷出来的有效物约减少一半，因此，要获得相同的使用效果，有效物的相对含量必须相应增加，或者减少喷射剂的量而增加溶剂的量。

2. 压缩气体

压缩气体，如二氧化碳、氮气、氧化亚氮、氧气等，在压缩状态下注入容器中，与有效成分不相混合，而仅起对内容物施加压力的作用，这类喷射剂虽然是很稳定的气体，但由于其在乙醇等溶剂中的溶解度不够，加之使用时压力下降太快，使用时要求罐内始压太高而不安全，喷雾性能也不好，因而实际应用不多。这类气体由于低毒、不易燃和对环境无污染，对它们仍然有进行研究改进的必要。

二、气压容器

与一般化妆品的包装容器相比，气压容器结构较为复杂，可分为器身和气阀两个部件。器身一般采用金属、玻璃和塑料制成，较常采用的是以镀锡铁皮制成的气压容器，玻璃容器适宜于压力较低的场合。用塑料作为气压容器具有一定的发展前途，它既具有玻璃容器耐腐蚀等优点，又没有炸碎的危险。

气阀系统除阀门内的弹簧和橡皮垫外，全部可以用塑料制成，其工作原理是有效成分放入容器内，然后充入液化的气体，部分为气相，部分仍为液相，达到平衡状态。气相在顶部，而液相在底部，有效成分溶解或分散在下面的液层，当气阀开启时，气体压缩，含有效成分的液体通过导管压向气阀的出口而到容器的外面。由于液化气体的沸点较室温低，因此能立即汽化，使有效成分喷向空气中形成雾状。如要使产品压出时呈泡沫状，其主要的不同在于泡沫状制品不是溶液而是以乳化体的形式存在的，当阀门开启时，由于液化气体的汽化膨胀，使乳化体产生许多小气泡。

气压制品和一般化妆品在生产工艺中最大的差别是压气的操作。不正确的操作会造成很大的损失，且喷射剂压入不足影响制品的使用性能，压入过多（压力过大）会产生爆炸的危险，特别是在空气未排除干净的情况下更易发生，因此必须仔细操作。

气压制品的生产工艺包括主成分的配制和灌装、喷射剂的灌装、器盖的接轧、漏气检查、重量和压力的检查和最后包装。不同的产品，其各自的设计方案也应有所不同，而且还必须充分考虑处于高压气体状态下的稳定性，以及长时间正常喷射的可能性。

气压制品的灌装基本上可分为两种方法，即冷却灌装和压力灌装。

1. 冷却灌装

冷却灌装是将主成分和喷射剂经冷却后灌于容器内的方法。采用冷却灌装方法时，主成分的配制方法和其他化妆品一样，所不同的是它的配方必须适应气压制品的要求，在冷却灌装过程中保持流体状态并不产生沉淀。在某些产品中，可加入高沸点的喷射剂，作为主成分的溶剂或冲淡剂，以免在冷冻时产生沉淀。如果喷射剂在冷冻之前加入主成分中，那么就必须和对待液化气体一样，储藏在压力容器中，以防止喷射剂的逃逸和保证安全。冷却灌装主成分可以和喷射剂同时灌入容器内，或者先灌入主成分然后灌入喷射剂。喷射剂产生的蒸气可将容器内的大部分空气逐出。如果产品是无水的，灌装系统应该有除水装置，以防止冷凝的水分进入产品中，影响产品质量，引起腐蚀及其他不良现象。将主成分及喷射剂装入容器后，立即加上带有气阀系统的盖，并且接轧好。此操作必须极为快速，以免喷射剂吸收热量挥发而受到损失。同时要注意漏气和气阀的阻塞。接轧好的容器在55℃的水浴内进行漏气检查，然后再经过喷射试验，以检查压力与气阀是否正常，最后在按钮上盖好防护帽盖。冷却灌装具有操作快速、易于排除空气等优点。

2. 压力灌装

压力灌装是在室温下先灌入主成分，将带有气阀系统的盖加上并接轧好，然后用抽气机将容器内的空气抽去，再从阀门灌入定量的喷射剂。接轧灌装好后，和冷却灌装相同，要经过55℃水浴的漏气检查和喷射试验。该法的主要缺点是操作速度较慢，但随着灌装方法的逐步改进，这一缺点已逐步得到克服。另一缺点是容器内的空气不易排净，有产生过大的内压和发生爆炸的危险，还会促进容器的腐蚀作用。压力灌装的优点是对配方和生产提供较大的伸缩性，在调换品种时设备的清洁工作极为简单，产品生产过程中不会有冷凝水混入，灌装设备投资少。许多以水为溶剂的产品必须采用压力灌装，以避免将原液冷却至水的冰点以下，特别是乳化型的配方经过冷冻会使乳化体受到破坏。

以压缩气体作喷射剂，也是采用压力灌装的方法。灌装压缩气体时并不计量，而是控制容器内的压力。在漏气检查和喷射试验之前，还须经压力测定。

三、气压式化妆品的质量控制

气压式化妆品不同于一般化妆品，这不仅反映在包装容器、生产工艺上，而且在配方上也有不同要求。气压式化妆品在生产和使用过程中应注意以下问题：

1. 喷雾状态

喷雾的状态（干燥或潮湿）受不同性质和不同比例的喷射剂、气阀结构及其他成分（特别是酒精）的存在所制约。低沸点的喷射剂形成干燥的喷雾，因此，如要产品形成干燥的喷雾，可以在配方中增加喷射剂的比例，减少其他成分（酒精）。当然，这样会使压力改变，但应该和气压容器的耐压情况相适应。

2. 泡沫形态

泡沫形态由喷射剂、有效成分和气阀系统所决定，可以产生干燥、坚韧的泡沫，也可以产生潮湿、柔软的泡沫。当其他成分相同时，高压喷射剂较低压喷射剂所产生的泡沫坚韧而有弹性。泡沫一般有三种主要类型：稳定的泡沫（剃须膏）、易消散的泡沫（亮发油、摩丝）和喷沫（香波）。

3. 化学反应

配方中的各种成分之间要注意不能起化学反应，同时要注意组分与喷射剂或包装容器之间不起化学反应。

4. 溶解度

各种化妆品成分对不同喷射剂的溶解度不同，配方时应尽量避免使用溶解度不好的物质，以免在溶液中析出，阻塞气阀，影响使用性能。

5. 腐蚀作用

化妆品的成分和喷射剂都有可能对包装容器产生腐蚀，应加以注意，对金属容器进行内壁涂覆。选择合适的洗涤剂，可以减少腐蚀的产生。

6. 变色

以酒精溶液为主的香水和古龙水，在灌装前的运送及储存过程中容易受到金属杂质的污染，灌装后即使在玻璃容器中，色泽也会变深。泡沫制品也较易变色。

7. 香味变化

香味变化的影响因素较多，制品变质、香精中香料的氧化、和其他原料发生化学反应以及喷射剂本身气味较大等都会导致产品香味变化。

8. 低温考验

采用冷却灌装的制品应注意主成分在低温时不会出现沉淀等不良现象。

9. 注意环保和安全生产

由于氟氯烃对大气臭氧层有破坏作用，不能作喷射剂，可选用对环境无害的低级烷烃和醚类作推进剂。但低级烷烃和醚类是易燃易爆物质，在生产和使用过程中应注意安全。

任务六 制作粉类化妆品

一、香粉的生产

香粉（包括爽身粉和痱子粉）的生产过程主要有混合、磨细、过筛、加香、加脂、包装等。

制造香粉的方法主要是混合、磨细及过筛。有的是混合、磨细后过筛，有的是磨细、过筛后混合。

1. 混合

混合的目的是将各种原料进行均匀地混合。混合香粉用机械主要有 4 种，即卧式混合机、球磨机、V 型混合机和高速混合机。

2. 磨细

磨细的目的是将粉料再度粉碎，使得加入的颜料分布得更均匀，显出应有的色泽，不同的磨细程度，香粉的色泽也略呈不同。磨细机主要有三种，即球磨机、气流磨、超微粉碎机。

3. 过筛

经球磨机混合磨细的粉料要通过卧式筛粉机，将粗颗粒分开。如果采用气流磨或超微粉碎机，再经过旋风分离器得到的粉料，则不一定再进行过筛。

4. 加香

一般是将香精预先加入碳酸钙或碳酸镁中，搅拌均匀后加入球磨机中混合。如果采用气流磨或超微粉碎机，为了避免油脂物质的黏附，提高磨细效率，同时避免粉料升温后对香精的影响，应将碳酸钙和香精混合加入磨细后经过旋风分离器的粉料中，再进行混合。

5. 加脂

一般香粉的 pH 是 8.0~9.0，而且粉质比较干燥，为了克服此种缺点，可在香粉内加入脂肪物。

6. 包装

包装盒不应有异味，否则会影响粉类化妆品的品质。

二、粉饼的生产

香粉、粉饼和爽身粉的生产设备相似，要经过混合、磨细和过筛，为了使粉饼压制成型，必须加入胶质、羊毛脂、白油，以加强粉质的胶合性能，或用加脂香粉压制成型。用烧杯或不锈钢容器称量胶粉，加入去离子水或蒸馏水搅拌均匀，加热至90℃，加入安息香酸钠或其他防腐剂，在90℃下保持20min灭菌，用沸水补充蒸发的水分后备用。所用羊毛脂、白油等油脂必须事先熔化，加入少量抗氧剂，用尼龙布过滤、备用。将羊毛脂、白油、香精和胶质水溶液混合，在球磨机混合过程中，要经常取样检验是否混合均匀，色泽是否与标准样相同。混合好的粉料加入超微粉碎机中进行磨细，超微粉碎后的粉料在灭菌器内用环氧乙烷灭菌，然后将粉料装入清洁的桶内，用桶盖盖好，防止水分挥发，并检查粉料是否有未粉碎的颜料色点、二氧化钛白色点或灰尘杂质的黑色点。在压制粉饼前，粉料先要过60目的筛，还要做好压制粉饼的检查工作，检查运转情况是否正常、是否有严重漏油现象。放置粉饼用的木盘必须保持清洁，按规定重量将粉料加入模具内压制，压制时要做到平、稳，防止漏粉、压碎，压制好的粉饼排列在木盘上保持清洁，准备包装。

三、胭脂的生产

胭脂是涂于面颊适宜部位以呈现立体感和健康气色的化妆品。好的胭脂质地柔软细腻，色泽均匀，涂层性好，在涂敷粉底后施用胭脂，易混合协调，遮盖力强，对皮肤无刺激，香味纯正、清淡，易卸妆。

胭脂有粉状、块状、膏状和液状等多种类型。胭脂粉和胭脂块的原料与香粉大致相同，不使用表面活性剂；膏状胭脂分为油膏型和乳化霜膏型两种，油膏型胭脂主要是用油、脂、蜡和颜料以及粉类制成，乳化霜膏型胭脂是用油、脂、蜡、颜料、水和表面活性剂制成的乳化膏体。

四、粉类化妆品的灭菌

为了杀灭粉料上黏附的各类微生物，须对粉料进行灭菌处理。常用的灭菌方法有高温灭菌、紫外线灭菌、气体灭菌及放射线灭菌等。

1. 高温灭菌

高温灭菌即采用密封性能较好的储器烘箱，将要灭菌的物料装入后，关闭好储器，打开蒸汽或电源加热散热器，将空气温度加热到120~160℃后，恒温1~3h，待冷却后取出物料。该方法适用于耐高温而不燃烧的物料，也可直接通入压力为 98.066kPa（1kgf/cm²）的蒸汽，即湿法灭菌，加热温度一般为 120℃，维持 60min 即可达到灭菌效果，但该方法适用于能够耐湿的物料。

2. 紫外线灭菌

紫外线具有很强的杀菌作用。紫外线灭菌法可采用间歇式，也可采用连续式。间歇式灭菌设备可制成箱式，物料在箱内受紫外线照射一定时间后取出达到灭菌效果；连续式灭菌时，在移动的输送带上安装有罩壳，罩壳顶上用引风机将紫外线灯产生的臭氧排出，物料在输送带上通过罩壳时，由于受紫外线照射而达到灭菌效果。采用紫外线灭菌时应注意保护眼睛，切不可用肉眼直接观看紫外线光源，必要时应佩戴防护眼镜。

3. 气体灭菌

气体灭菌是较常采用的方法，常用的灭菌气体有甲醛和环氧乙烷等。由于甲醛与环氧乙烷都是易燃易爆气体，在使用前须用二氧化碳气体混合稀释以降低其易燃易爆性，同时要注意残留气体的安全性。

4. 放射线灭菌

放射线灭菌是将放射性物质（一般用 Co）安装在特殊结构的容器内，要进行灭菌的物料通过其照射即可达到灭菌的效果。

五、粉类化妆品质量控制

1. 香粉的质量控制

（1）香粉黏附性

适当调整硬脂酸镁或锌的用量，选用色泽洁白的、质量较纯的硬脂酸镁或锌；如果采用微黄色的硬脂酸镁或锌，容易酸败而且有油耗气味。将香粉尽可能磨得细一些，这对增加黏附性有好处。

（2）香粉吸收性

适当调整碳酸镁或钙的用量，但用量过多会使香粉 pH 上升，可采用陶土粉或天然丝粉代替碳酸镁或钙，降低香粉 pH。

（3）加脂香粉成团、结块

适当控制加入香粉中的乳剂油脂含量，并将香粉烘干一些，使香粉内残留乙醇或水分尽可能少。

（4）有色香粉色泽不均匀

采用较先进的设备，用高速混合机混合，超微粉碎机磨细，效果好，制造速度快。

2. 粉饼的质量控制

（1）粉饼过于坚实

应选用恰当的胶合剂及适宜的用量，降低压制时的油泵压力。

（2）压制加脂香粉时黏模子和涂擦时起油块

减少乳剂中的油脂含量，将香粉烘得干一些。

3. 胭脂的质量控制

（1）胭脂表面有不易擦掉的油块

严格按照配方，小心控制胶合剂的加入量。在压制时，加压强度应控制适当，过松过紧都不好。

（2）表面碎裂

调节配方，得到最佳胶合剂配伍及用量，改进包装，尽量减轻运输过程中的震动。

（3）不易涂擦

可通过加入乳化剂，改变胭脂形式来增加润滑性。

任务七　制作美容类化妆品

一、唇部用品

唇部用品是在唇部涂上色彩、赋予光泽、防止干裂、增加魅力的化妆品。由于其直接涂于唇部易进入口中，因此对安全性要求很高，对人体应无毒性，对黏膜应无刺激性等。唇部用化妆品根据其形态可分为棒状唇膏、唇线笔、唇彩以及唇油等。其中应用最为普遍的是棒状唇膏（通常称之为唇膏）；唇线笔在配方结构和制作工艺上类同眉笔，只是色料以红色为主，选料上要求无毒等；唇彩由于其色彩明快、更具立体感和生动性、使用起来更轻松和简单，近年来深受消费者欢迎；唇油在配方结构和产品形式上类同于唇彩，只是不加任何色素。下面重点介绍唇膏、唇线笔及唇彩。

（一）唇膏

1. 基本知识

唇膏是点敷于嘴唇，使其具有红润健康的色彩并对其起滋润保护作用的产品，是将色素溶解或悬浮在脂蜡基内制成的。优质唇膏应具有下列特性：

① 组织结构好，表面细腻光亮，软硬适度，涂敷方便，无油腻感觉，涂敷于嘴唇边不会向外化开。

② 不受气候条件变化的影响，夏天不熔不软，冬天不干不硬，不易渗油，不易断裂。

③ 色泽鲜艳，均匀一致，附着性好，不易褪色。

④ 有舒适的香气。

⑤ 常温放置不变形，不变质，不酸败，不发霉。

⑥ 对唇部皮肤有滋润、柔软和保护作用。

⑦ 对唇部皮肤无刺激性，对人体无毒害性。

(1) 唇膏的色素

色素是唇膏中极重要的成分，唇膏用的色素有两类：一类是溶解性染料；另一类是不溶性颜料，二者可以合用或单独使用。另有珠光颜料，可增加光泽。

溶解性染料：最常用的是溴酸红染料，包括二溴荧光素、四氯四溴荧光素等。溴酸红染料不溶于水，能溶解于油脂，能染红嘴唇并使色泽持久。单独使用它制成的唇膏表面是橙色的，但一涂在嘴唇上，由于 pH 的改变，就会变成鲜红色，这就是变色唇膏。溴酸红虽能溶解于油、脂、蜡，但其溶解性很差，一般需要借助于溶剂，较普遍采用的是蓖麻油和多元醇的部分脂肪酸酯，因为它们含有羟基，对溴酸红有较好的溶解性，最理想的溶剂是乙酸四氢呋喃酯，但其有一些特殊臭味，因此不宜多用。

不溶性颜料：不溶性颜料主要是色淀，是极细的固体粉粒，经搅拌、研磨后混入油、脂、蜡基体中，制成的唇膏敷在嘴唇上能留下一层艳丽的色彩，而且有较好的遮盖力，但其附着力不好，所以必须与溴酸红染料同时使用，用量一般为 8%~10%。这类颜料有铝、钡、钙、钠、锶等的色淀，以及氧化铁的各种色调，如炭黑云母、铝粉、氧氯化铋、胡萝卜素、鸟嘌呤等，其他颜料有二氧化钛、硬脂酸锌、硬脂酸镁、苯甲基铝等。

珠光颜料：由于鱼鳞的鸟嘌呤晶体价格高，故较少采用，现采用合成珠光颜料、氧氯化铋、云母-二氧化钛膜，后者随云母核颗粒大小而使珠光色泽自银白色至金黄色不等。普遍采用的是氧氯化铋，其价格较低。使用方法是将 70% 的珠光颜料分散加入蓖麻油中，制成浆状备用，待模成型前加入唇膏基质中。加珠光颜料的唇膏基质不能在三辊机中多次研磨，否则会失去珠光色调，这是因为多次研磨颗粒变细。

(2) 唇膏的基质原料

唇膏的基质是由油、脂、蜡类原料组成的，也称脂蜡基，是唇膏的骨架。除对染料的溶解性外，唇膏的基质还必须具有一定的触变特性，也就是要有一定的柔软性，能轻易地涂于唇部并形成均匀的薄膜，能使嘴唇润滑而有光泽，无过分油腻的感觉，也无干燥不适的感觉，不会向外化开。同时应经得起温度的变化，即夏天不软不熔、不出油，冬天不干不硬、不脱裂。为达此要求，必须适宜地选用油、脂、蜡类原料。

精制蓖麻油是唇膏中最常用的油脂原料，它的作用主要是赋予唇膏一定的黏度。另外，由于它具有羟基基团，对溴酸红具有一定的溶解性（约 0.2%），其用量不宜超过 50%，最好控制在 40% 以内，否则使用时会形成黏厚油腻的膜，给浇模成型带来困难。

高碳脂肪醇类如油醇的性质非常滑而不油腻，对溴酸红的溶解度很好，其最高用量可达 20%。

聚乙二醇 1000 对溴酸红的溶解性很好，与各类脂肪也能互溶，能增加唇膏的持久性，而且能保持唇膏的干燥等。

单硬脂酸甘油酯对溴酸红有很好的溶解力，并且有增强滋润的作用，也是一种主要原料。

高级脂肪酸酯类如肉豆蔻酸异丙酯、棕榈酸异丙酯、硬脂酸丁酯、硬脂酸戊酯等，对溴酸红有少量的溶解性，适量采用能减少因蓖麻油的含量高而导致的黏稠现象。

巴西棕榈蜡的熔点约在 83℃，有利于保持唇膏膏体以较高熔点而不致影响其触变性能，但用量过多会使成品的组织有粒子，一般不宜超过 5%。

地蜡、液体石蜡、可可脂、矿脂、低度氢化的植物油、无水羊毛脂、鲸蜡和鲸蜡醇等也常作为唇膏的基质原料使用。

（3）唇膏用香精

唇膏用香精以芳香、甜美、口味舒适为主。消费者对唇膏的喜爱与否，气味的好坏是一重要因素，因此，唇膏用香精必须慎重选择，要能完全掩盖油、脂、蜡的气味，且具有令人愉快舒适的口味。唇膏的香味一般比较清雅，常选用玫瑰、茉莉、紫罗兰、橙花以及水果香型等。因在唇部敷用，要求无刺激性、无毒性，应选用允许食用的香精，另外易成结晶析出的固体香原料也不宜使用。

2. 唇膏的生产

利用蓖麻油等溶剂对溴酸红的溶解性使其溶解，可以得到良好的显色效果（在悬浮状态时效果就差得多），配以其他颜料，混合于油、脂、蜡中，经三辊机研磨及在真空脱泡锅中搅拌、脱除空气泡，得以充分混合，制成细腻致密的膏体。浇模成型，再经过文火煨烘，制成表面光洁、细致的唇膏。

唇膏的生产过程包括制备色浆、原料熔化、真空脱泡、保温浇铸、加工包装。

（1）制备色浆

在不锈钢或铝制颜料混合机内加入溴酸红及其他颜料，再加入部分蓖麻油或其他溶剂，加热至 70~80℃，充分搅拌均匀后从底部放料口送至三辊机研磨。为使聚结成团的颜料完全碾碎，应反复研磨数次，然后放入真空脱泡锅。

（2）原料熔化

将油、脂、蜡加入原料熔化锅，加热至 85℃ 左右，熔化后充分搅拌均匀，经过滤放入真空脱泡锅。

（3）真空脱泡

在真空脱泡锅内，唇膏基质和色浆经搅拌充分混合。真空条件下能脱去经三辊机研磨后产生的气泡，此时应避免强烈的搅拌，否则浇成的唇膏表面会带有气孔，影响外观质量。脱气搅匀完毕后放入慢速充填机。

（4）保温浇铸

保温搅拌的目的在于浇铸时使颜料均匀分散，故搅拌桨应尽可能靠近锅底，一般采用锚式搅拌桨，以防止颜料下沉。同时，搅拌速度要慢，以免混入空气。在这个过程中，控制浇铸温度很重要，一般控制在高于唇膏熔点10℃时浇铸。浇模时将慢速充填机底部出料口放出的料直接浇入模子，待稍冷后，刮去模子口多余的膏料，置于冰箱中继续冷却。也有把模子直接放在冷冻板上冷却的，冷冻板底下由冷冻机直接制冷。

（5）加工包装

从冰箱中取出模子，开模取出已定型的唇膏。配方中的蜡和精制的蜡的存在使浇模时唇膏收缩与模型分开，因此开模时成品就容易取出。蜂蜡也有同样的作用。将唇膏插入容器底座，注意插正、插牢（工作时可戴皮指套，以防唇膏表面损坏）。这时外露部分一般还不够光亮，可在酒精灯文火上将表面快速重熔以使外观光亮圆整。此步操作动作应熟练、轻巧、准确，否则会使唇膏变形。然后插上套子，贴底贴，就可装盒。

各种唇膏熔点差距很大，这在确定配方时，须经试验加以确定。一般唇膏的熔点为52~75℃，但一些受欢迎的产品熔点约控制在55~60℃。

（二）唇线笔

唇线笔是为使唇形轮廓更为清晰饱满，给人以富有感情、美观细致的感觉而使用的唇部美容用品。是将油、脂、蜡和颜料混合好后，经研磨后在压条机内压注出来制成笔芯，然后黏合在木杆中，可用刀片把笔尖削尖使用。笔芯要求软硬适度、画敷容易、色彩自然、使用时不断裂。

（三）唇彩

唇彩也称唇蜜。唇彩是液态的，其使用目的与唇膏相同。近几年来，传统的固体唇膏受到了液态唇彩的挑战，因为液态唇彩更能体现明快的油亮色彩，较唇膏更具立体感和生动性，且使用起来更轻松、简单和易于变换。不过唇彩具有易脱妆的特性，在使用中应格外注意，在选择时要注意使用的场合。

二、眼部化妆品

（一）眉笔

眉笔是用来描眉的，使眉毛显得深而亮以增加魅力。它是将颜料分散于油或乳液中，盛入带笔的容器内的制品。外形有笔状、粉块状和液状。生产眉笔时常加入非离子表面活性剂以得到良好的乳化分散体系，制成稳定、均匀分布、不结团、不发汗发粉的产品。

现代眉笔采用油、脂、蜡和颜料配成，目前国际上流行两种形式：一种和铅笔类似，是将圆条笔芯黏合在木杆中，可用刀片把笔尖削尖使用；另一种是推管式的，是将笔芯装在细长的金属或塑料管内，使用时将笔尖推出即可。铅笔式眉笔的笔芯像铅笔芯，将全部油、脂、蜡放在一起熔化后，加颜料搅拌均匀后倒入浅盘内冷却，待凝固后切成片，经三辊机研磨数次后，放入压条机内压注出来做成笔芯。推管式眉笔的笔芯是将颜料和部分油、脂、蜡混合，在三辊机里研磨均匀成为颜料浆，再将其余全部油、脂、蜡放入锅内加热熔化，再加入颜料浆搅拌均匀后，趁热浇入模子里制成笔芯。

热熔法制得的笔芯和用压条机制得的笔芯，软硬度有所不同。因为热熔法是脂、蜡的自然的结晶，而压条机则是将自然结晶的笔芯粉碎后再压制成型的。因此，压条机注出的笔芯较软且韧，但在放置一段时间后，也会逐渐变硬。

（二）睫毛膏

睫毛膏（或油）是染睫毛的化妆品，经涂染的睫毛看起来长而美。

睫毛膏型式一般有以下三种：一种是以硬脂酸三乙醇胺和蜡为主要成分，加上颜料，做成块状，这是将颜料和肥皂混合后压成的粉块；另一种是以三乙醇胺、硬脂酸和蜡为主，制成乳化型膏霜，加上颜料，装入软管；还有一种抗水性睫毛膏是液状的。三种睫毛膏以膏状的最为流行，其他型式的也有使用。不论何种型式睫毛膏，均配有卷刷睫毛的小刷子。

粉块状睫毛膏是将熔化的蜡类加入颜料混合后，在保温的滚筒式研磨机中研磨细致均匀，再将研匀的混合物重熔浇模。膏霜型的睫毛膏是将油、脂、蜡与水通过乳化剂及搅拌作用成为乳剂，在搅拌下加入颜料经胶体磨研磨即得所需睫毛膏，装入管子后完成操作。液状睫毛膏制法简单，只要将所有成分混合后用胶体磨研磨，使颜料分散悬浮于液体中。

睫毛膏的质量要求是容易涂敷，涂敷后不会流下，不易干燥结块。对于这类眼用化妆品，除了原料安全卫生标准高外，生产卫生条件也十分严格。

（三）眼线液

眼线液是用以描绘于睫毛边缘处，加深眼睛的印象，增加魅力的眼部化妆品。眼线液有三种，一种是油/水型乳剂眼线液，另一种是抗水性的眼线液，还有一种是非乳剂型的眼线液。

油/水型乳剂眼线液是在流动良好而且容易干燥成膜的乳剂中，加入色素（一般是具有良好分散性能的黑色素）和少量滑石粉，使制成的眼线液保持良好的流动性。但此种油/水型眼线液缺乏抗水性能，在眼部遇到水分即溶化，在游泳或其他情况下，就不能使用此种类型眼线液。抗水性眼线液中加入一部分天然或合成的乳胶，所选用树脂类应不含未聚合的单体化合物，以免刺激皮肤。近年来，非乳剂型眼线液代替了以上两种眼线液，其用水作为介质，无油、脂和蜡组分，是采用虫胶及吗啉制成的眼线液，抗水性较好。

（四）眼影

眼影是用来涂敷于眼窝周围的上下眼皮以形成阴影，塑造人的眼睛轮廓，强化眼神的美容化妆品，有粉质眼影块、眼影膏和眼影液等类型。

粉质眼影块类同胭脂，目前比较流行。其原料和粉质块状胭脂基本相同，主要有滑石粉、硬脂酸锌、高岭土、碳酸钙、无机颜料、珠光颜料、防腐剂、胶合剂等。

滑石粉不能含有石棉和重金属，应选择滑爽及半透明状的，由于粉质眼影块中含有氧氯化铋珠光剂，故滑石粉的颗粒不能过细，否则会减少粉质的透明度，影响珠光效果；如果采用透明片状滑石粉，则珠光效果更佳。由于碳酸钙具有不透明性，所以它适用于无珠光的眼影粉块。

颜料采用无机颜料如氧化铁棕、氧化铁红、氧化铁黄、群青、炭黑等。由于颜料的品种和配比不同，所以所用胶合剂的量也各不相同，加入颜料配比较高时，也要适当提高胶合剂的用量才能压制成粉块。胶合剂采用棕榈酸异丙酯、高碳脂肪醇、羊毛脂、白油等。

（五）眼影膏

眼影膏类同胭脂膏，是用油、脂、蜡和颜料制成的产品，也可用乳化体作为基体。可根据需要制成各种不同的颜色，通常有棕色、绿色、蓝色、灰色、珍珠光泽等。

三、指甲用品

指甲用化妆品是通过对指甲的修饰、涂布来美化、保护指甲，主要有指甲油、指甲漂白剂、指甲油去除剂、指甲抛光剂和指甲保养剂等，其中使用最多的是指甲油和指甲油去除剂。

（一）指甲油

指甲油是用来修饰和增加指甲美观的化妆品，它能在指甲表面上形成一层耐摩擦的薄膜，起到保护、美化指甲的作用。指甲油的质量要求是涂敷容易，干燥成膜快且形成的膜要均匀、无气泡；颜色要均匀一致，光亮度好，耐摩擦，不开裂，能牢固地附着在指甲上；要有无毒性，对指甲无损伤，同时涂膜要容易被指甲油去除剂去除。

要满足上述要求，指甲油应具有下列组成：成膜剂、树脂、增塑剂、溶剂、颜料等，其中成膜剂和树脂对指甲油的性能起关键作用。

1. 成膜剂

能涂在指甲上形成薄膜的品种很多，如硝酸纤维素、乙酸纤维素、乙酸丁酸纤维素、乙基纤维素、聚乙烯以及丙烯酸甲酯聚合物等。其中最常用的是硝酸纤维素，它在硬度、附着力、耐磨性等方面均表现出极优良的特性。不同规格的硝酸纤维素对指甲油的性能会产生不同的影响，适合于指甲油的是含氮量为 11.2%～12.8% 的硝酸纤维素。硝酸纤维素是易燃易爆的危险品，储运时常以酒精润湿（用量约为 30%）。而硝酸纤维素的缺点是容易收缩变脆，光泽较差，附着力不够强，因此需要加入树脂以改善光泽和附着力，加入增塑剂以增加韧性和减少收缩，使涂膜柔软、持久。

2. 树脂

树脂能增加硝酸纤维素薄膜的亮度和附着力，是指甲油成分中不可缺少的原料之一。指甲油用的树脂有天然树脂（如虫胶）和合成树脂。由于天然树脂质量不稳定，所以近年来已被合成树脂代替。常用的合成树脂有醇酸树脂、氨基树脂、丙烯酸树脂、聚乙酸乙烯酯树脂和对甲苯磺酰胺甲醛树脂等。其中对甲苯磺酰胺甲醛树脂对膜的厚度、光亮度、流动性、附着力和抗水性等均有较好的效果。

3. 增塑剂

使用增塑剂是为了使涂膜柔软、持久，减少膜层的收缩和开裂现象。指甲油用的增塑剂有磷酸三甲苯酯、苯甲酸苄酯、磷酸三丁酯、柠檬酸三乙酯、邻苯二甲酸二辛酯、樟脑和蓖麻油等，其中常用的是邻苯二甲酸酯类。

4. 溶剂

指甲油用的溶剂必须能溶解成膜剂、树脂、增塑剂等，能够调节指甲油的黏度获得适宜的使用感觉，并要求具有适宜的挥发速度。挥发太快会影响指甲油的流动性、产生气孔、残留痕迹，影响涂层外观；挥发太慢会使流动性太大，成膜太薄，干燥时间太长。能够满足这些要求的单一溶剂是不存在的，一般使用混合溶剂。

5. 颜料

颜料除能赋予指甲油以鲜艳的色彩外，还起到不透明的作用。一般采用不溶性的颜料和色淀；可溶性染料会使指甲和皮肤染色，一般不宜选用。如要生产透明指甲油则一般选用盐基染料。有时为了增加遮盖力可适当加一些无机颜料如钛白粉等，珠光剂一般采用天然鳞片或合成珠光颜料。

（二）指甲油去除剂

指甲油去除剂是用来去除涂在指甲上的指甲油膜的。其主要组成是溶剂，可以用单一溶剂，也可用混合溶剂。为了减少溶剂对指甲的脱脂而引起的干燥感觉，可适量加入油脂、蜡及其他类似物质。

（三）指甲油的生产

指甲油的生产要先选择颜料，在选择颜料后，要将颜料磨细且磨得越细越好，然后分散在溶剂中。颜料磨得越细，指甲油涂敷在指甲上的光亮度就越好。将指甲油涂敷于玻璃布上，干燥后的指甲油的底膜用目测应无可见的颗粒。制造指甲油的一般方法是将成膜剂硝酸纤维素溶解于溶剂中，加入增塑剂和研磨过的颜料，持续搅拌数小时，待各种成分完全溶解，经压滤得指甲油。指甲油一般是装在带有刷子的小瓶里，且对密封性的要求较高，只要稍不密封，溶剂很快挥发，指甲油就会干缩，影响使用。

指甲油是一种易燃物，在整个生产过程中要注意安全，采取有效的防燃、防爆措施，防止意外。

任务八　制作发用类化妆品

一、洗发用品

洗发用品用于洗净附着在头皮和头发上的人体分泌的油脂、汗垢、头皮上脱落的细胞以及外来的灰尘、微生物，去除不良气味，保持头皮和头发清洁及头发美观。这里主要介绍香波的生产工艺。

香波是一种混合物，它将各种性能的原料（如洗涤、调理、止痒、防脱发等功能性作用的原料）复配在一起以达到全面的综合洗发效果。香波的配方中可以选用阴离子、非离子、两性离子、阳离子等类型的表面活性剂。其中，净洗部分以阴离子为主，配合非离子和两性表面活性剂，发挥优势、综合互补。香波从传统的单一清洁产品向护养、调理、美化全面发展，调理部分起了重要的作用，因为头发单纯清洗后会感觉干燥、缠结或是飞扬（静电起飘），只有加入了调理剂香波，洗发后才有滑顺、柔软、亮丽、舒适的感觉。现在的香波基本上是二合一甚至是多合一的，调理部分主要有阳离子型表面活性剂、硅油类亮发柔顺剂、富脂剂、营养物质及保湿剂等。

香波生产线通常由搅拌锅、配料锅、计量桶、操作平台、控制柜以及相关的过滤器、管道、阀门组成。

（一）香波的组成

香波的主要功能是洗净黏附于头发和头皮上的污垢和头屑等，以保持清洁。在香波中对主要功能起作用的是表面活性剂。除此之外，为改善香波的性能，配方中还加入了各种特殊添加剂。因此，香波的组成大致可分为两大类：表面活性剂和添加剂。

1. 表面活性剂

表面活性剂是香波的主要成分，为香波提供了良好的去污力和丰富的泡沫。最初的香波仅以单纯的脂肪酸钾皂制成，由于皂类在硬水中易生成不溶性的钙、镁化合物，洗后会使头发发黏、不易梳理、失去自然光泽；现代香波则以合成表面活性剂为基础，其中阴离子型的脂肪醇硫酸钠是较早被采用的表面活性剂。随着科学技术的发展，用于香波中的表面活性剂品种日益增多，通常以阴离子表面活性剂为主；为改善香波的洗涤性和调理性还加入非离子、两性离子及阳离子表面活性剂。

（1）阴离子表面活性剂

① 脂肪醇硫酸盐（$ROSO_2M$）。这是香波中最常用的阴离子表面活性剂之一，有钠盐（K12）、钾盐、铵盐（K12A）和乙醇胺盐（LST）。其中以月桂醇硫酸钠的发泡力最强，去油污性能良好，但其低温溶解性较差，且由于脱脂力强而有一定的刺激性，适宜于配制粉状、膏状和乳浊状香波；乙醇胺盐具有良好的溶解性能，低温下仍能保持透明（如30%月桂醇硫酸三乙醇胺盐在−5℃下仍能保持透明），是配制透明液体香波的重要原料；就黏度而言，相同浓度下，单乙醇胺盐>二乙醇胺盐>三乙醇胺盐。近年则普遍采用 K12A 作为香波的洗涤发泡剂。

② 脂肪醇聚氧乙烯醚硫酸盐。这类表面活性剂是香波中应用最广泛的阴离子表面活性剂之一，用得最多的是月桂醇和 2~3mol 环氧乙烷缩合的醇醚硫酸盐，包括钠盐（AES）、铵盐（AESA）和乙醇胺盐（TA-40）。它的溶解性比脂肪醇硫酸盐好，低温下仍能保持透明，适宜于配制液体香波；它具有优良的去污力，起泡迅速，但泡沫稳定性稍差，刺激性较月桂醇硫酸盐低；它的另一个特点是易被无机盐增稠，如 15% 浓度的脂肪醇聚氧乙烯醚（3）硫酸钠溶液，当 NaCl 加入量为 65% 时，其黏度可达 16Pa·s 以上。

③ 脂肪酸单甘油酯硫酸盐。脂肪酸单甘油酯硫酸盐作为香波的原料已有较长的历史，一般采用月桂酸单甘油酯硫酸铵。其洗涤性能和洗发后的感觉类似月桂醇硫酸盐，但比月桂醇硫酸盐更易溶解，在硬水中性能稳定，有良好的泡沫，洗后头发柔软而富有光泽；其缺点是易水解，适合配制弱酸性或中性香波。

④ 琥珀酸酯磺酸盐类。琥珀酸酯磺酸盐类（MES 或 AESM）主要有脂肪醇琥珀酸酯磺酸盐、脂肪醇聚氧乙烯醚琥珀酸酯磺酸盐和脂肪酸单乙醇酰胺琥珀酸酯磺酸盐等。此类表面活性剂具有良好的洗涤性和发泡性；对皮肤和眼睛刺激性小，属温和型表面活性剂；与醇醚硫酸盐、脂肪醇硫酸盐等复配，具有极好的发泡性，并可降低醇醚硫酸盐和脂肪醇硫酸盐等对皮肤的刺激；与其他温和型产品如咪唑啉、甜菜碱等相比，具有成本低、价格便宜等特点。其中以油酸单乙醇酰胺琥珀酸酯磺酸盐性能最优，具有优良的低刺激性、调理性和增稠性，由于分子中酰胺键的存在，易于在皮肤和头发上吸附，广泛用于配制个人保护卫生用品。此类表面活性剂在酸或碱性条件下易发生水解，适宜于配制微酸性或中性香波。

⑤ 脂肪酰谷氨酸钠。脂肪酰谷氨酸钠（AGA）是氨基酸系列表面活性剂，其母体有两个羧基，通常只有一个羧基成盐。脂肪酰基可以是月桂酰基、硬脂酰基等，其分子中具有酰胺键，易在皮肤和头发上吸附；带有游离羧酸，可以调节 HLB；在硬水中使用具有良好的起泡能力。这种表面活性剂对皮肤温和、安全性高，可用于配制低刺激性香波。

除上述阴离子表面活性剂外，还有烷基苯磺酸盐、烷基磺酸盐等，但由于其脱脂力强、刺激性大，现代香波中已不常使用。

（2）非离子表面活性剂

非离子表面活性剂在香波中起辅助作用，它们作为增溶剂和分散剂，可增溶和分散水不溶性物质如油脂、香精、药物等。许多非离子表面活性剂可改善阴离子表面活性剂对皮肤的刺激性，还可调节香波的黏度并起稳泡作用。常用的非离子表面活性剂有烷醇酰胺、聚氧乙烯失水山梨醇脂肪酸酯、聚乙二醇、聚乙二醇脂肪酸酯等。

（3）两性离子表面活性剂

两性离子表面活性剂对皮肤和头发有良好的亲和性能，具有良好的调理性；对皮肤和眼睛的刺激性低，可用于配制低刺激香波；在酸性条件下具有一定的杀菌和抑菌作用，与其他类型表面活性剂相容性好，可与阴离子、非离子和阳离子表面活性剂复配。两性离子表面活性剂通常在香波中用作增稠剂、调理剂、降低阴离子表面活性剂刺激性的添加剂和杀菌剂。常用的两性离子表面活性剂有十二烷基二甲基甜菜碱（BS-12）、椰油酰胺丙基二甲基甜菜碱（CAB）、羧甲基烷基咪唑啉等。

（4）阳离子表面活性剂

阳离子表面活性剂的去污力和发泡力比阴离子表面活性剂差得多，通常只用作头发调理剂。阳离子表面活性剂易在头发表面吸附形成保护膜，能赋予头发光滑、光泽和柔软性，使头发易梳理、抗静电。阳离子表面活性剂不仅具有抗静电性，而且具有润滑作用和杀菌作用。将阳离子表面活性剂与富脂剂（如高级醇、羊毛脂及其衍生物、蓖麻油等）复配，能增强皮肤和头发的弹性，降低皮肤在水中的溶胀，防止头皮干燥。香波中常用的阳离子表面活性剂多为长碳链的季铵化合物（如鲸蜡基三甲基氯化铵等）、离子纤维素聚合物（JR-400）、阳离子瓜尔胶等。

2. 添加剂

现代香波不仅要能清洁头发，而且还应具有护发养发、去屑、止痒等多种功能。为使香波具有这些功能，通常加入各种添加剂。添加剂的种类有很多，如调理剂、增稠剂、去屑止痒剂、螯合剂、遮光剂、澄清剂、酸化剂、防腐剂、滋润剂、护发和养发添加剂、色素和香精等。

（1）调理剂

调理剂的主要作用是改善洗后头发的手感，使头发光滑柔软、易梳理，且洗发梳理后有成型作用。调理作用是基于功能性组分在头发表面的吸附。头发是氨基酸多肽角蛋白质的网状长链高分子集合体，从化学性质来说，与同系物及其衍生物有着较强的亲和性，因此各种氨基酸、水解胶蛋白肽、卵磷脂等，都对头发有一定的调理作用。常见的调理剂有：阳离子纤维素聚合物（JR-400）、阳离子瓜尔胶（GUAR）、高分子阳离子蛋白肽和聚二甲基硅氧烷及其衍生物等。

（2）增稠剂

增稠剂的作用是增加香波的稠度，以获得理想的使用性能和使用观感，提高香波的稳定性等。常用的增稠剂有无机增稠剂和有机增稠剂两大类。

无机增稠剂如氯化钠、氯化铵、硫酸钠、三聚磷酸钠等，最常用的是氯化钠和氯化铵，对阴离子表面活性剂为主的香波能有效增加稠度，特别是对以醇醚硫酸钠为主的香波增稠效果显著，且在酸性条件下优于在碱性条件下的增稠效果，达到相同黏度，酸性条件下氯化钠的加入量较少。采用无机盐作增稠剂不能多加，香波中用量一般不超过 3%，否则会产生盐析分层，且使产品刺激性增大，但氯化铵不会出现像氯化钠那样产生浑浊的现象。硅酸镁铝也是有效的增稠剂，特别是和少量纤维素混合使用，增稠效果明显且稳定，适宜配制不透明香波，用量 0.5%~2.5%。

有机增稠剂品种很多，如烷醇酰胺不仅具有增泡、稳泡等性能，而且也是很好的增稠剂；纤维素衍生物也可用于调节香波的黏度。目前较常采用的有机增稠剂有聚乙二醇酯类，如聚乙二醇（6000）二硬脂酸酯以及聚乙二醇（6000）二月桂酸酯等；卡波树脂是交联的丙烯酸聚合物，广泛用作增稠剂，尤其用来稳定乳液香波效果显著；聚乙烯吡咯烷酮不仅有增稠作用，而且有调理作用和抗敏作用。

（3）去屑止痒剂

头皮屑是新陈代谢的产物，头皮表层细胞的不完全角化和卵圆糠疹菌的寄生是头屑增多的主要原因。头屑的产生为微生物的生长和繁殖创造了有利条件而导致刺激头皮，引起瘙痒，加速表皮细胞的异常增殖。因此，抑制细胞角化速度，从而降低表皮新陈代谢的速度和杀菌是防治头屑的主要途径。去屑止痒剂品种很多，如水杨酸或其盐、十一碳烯酸衍生物、硫化硒、六氯化苯羟基喹啉、聚乙烯吡咯烷酮碘络合物以及某些季铵化合物等都具有杀菌止痒等功能。目前使用效果比较明显的有吡啶硫酮锌、十一碳烯酸衍生物和 Octopirox、Climbazole 等。

（4）螯合剂

螯合剂的作用是防止在硬水中洗发时（特别是皂型香波）生成钙、镁皂黏附在头发上，能够增加去污力和洗后头发的光泽。常加入柠檬酸、酒石酸、磷酸、乙二胺四乙酸二钠（ED-TA）活性剂如烷醇酰胺、聚氧乙烯失水山梨醇油酸酯等。EDTA 对钙镁等离子有效，柠檬酸、酒石酸、磷酸对常致变色的铁离子有螯合效果。

（5）遮光剂

遮光剂包括珠光剂，主要品种有硬脂酸金属盐（镁、钙、锌盐）、鲸蜡醇、脂蜡醇、鱼鳞粉、铋氯化物、乙二醇单硬脂酸酯和乙二醇双硬脂酸酯等。目前普遍采用具有珍珠般外观的乙二醇的单、双硬脂酸酯作为珠光剂，采用具有牛奶般外观的苯乙烯/丙烯酸乳液作为遮光剂。

（6）澄清剂

在配制透明香波时，在某些情况下加入香精及脂肪类调理剂后会使香波出现不透明现象，可加入少量非离子表面活性剂如壬基酚聚氧乙烯醚或乙醇，也可用多元醇如丙三醇、丁二醇、己二醇或山梨醇等，以保持或提高透明香波的透明度。

（7）酸化剂

微酸性香波对头发护理、减少刺激是有利的。常用的酸化剂有柠檬酸、酒石酸、磷酸、有机磷酸以及硼酸、乳酸等。

（8）防腐剂

为防止香波受霉菌或细菌侵袭导致腐败，可加入防腐剂。常用的防腐剂有泊金酯类、咪唑啉烷基脲、卡松、布罗波尔等。选用防腐剂必须考虑防腐剂适宜的 pH 范围和添加剂的相容性，如苯甲酸钠只有在碱性条件下才有防腐效果，因此在酸性香波中不宜采用；又如甲醛会和蛋白质化合，因此加水解蛋白的营养香波不宜选用释放甲醛型防腐剂，如 1，3-二羟甲基-5，5-二甲基海因（DMDM 乙内酰脲）、咪唑啉烷基脲（Germall115）、双咪唑啉烷基脲（GermallⅡ）等。

（9）护发和养发添加剂

为使香波具有护发和养发功能，通常加入各种护发和养发添加剂。主要品种有：

① 维生素类，如维生素 E、维生素 B 等，能通过香波基质渗入毛发，赋予头发光泽，保持长久润湿感，弥补头发的损伤和减少头发末端的分裂开叉，润滑角质层而不使头发缠结，并能在头发中累积，长期重复使用可增加吸收力。

② 氨基酸类，如丝肽、水解蛋白等在香波中起到营养和修复损伤毛发的作用，同时也具有一定的调理作用。

③ 植物提取液，如人参、当归、芦荟、何首乌、啤酒花、沙棘、茶皂素等的提取液，加入香波中除了营养作用外，有的有促进皮肤血液循环、促进毛发生长、使毛发光泽而柔软的作用，如人参等；有的有益血乌发和防治脱发的功效，洗后头发乌黑发亮、柔顺、滑爽，如何首乌等；有的则具有杀菌、消炎等作用，加入香波中起到杀菌止痒的效果，同时还有抗菌防腐作用，如啤酒花等。

（10）色素和香精

色素能赋予产品鲜艳、明快的色彩，但必须选用法定色素。香精可掩盖不愉快的气味，赋予制品愉快的香味，且洗后使头发留有芳香。

（二）香波的生产工艺

1. 透明香波的生产

将表面活性剂及其他添加剂加入水中，搅拌使其溶解均匀（必要时加热），冷却至40℃时加入香精，用柠檬酸调节 pH，用氯化钠调整至适宜黏度即可。

2. 液状乳浊香波的生产

将去离子水加入搅拌锅中，升温至30℃时将调理剂加入去离子水中，搅拌使其分散溶解均匀；然后依次加入除香精、营养添加剂、珠光剂以外的其他组分，加热至75~85℃，搅拌使其溶解均匀；冷却至70~75℃时加入增稠剂，搅拌冷却至35℃时加入香精、营养剂等（如采用珠光浆也在此时加入），搅拌均匀即可。

二、护发用产品的生产

1. 发油

发油又称头油。发油中加一些羊毛脂衍生物、乙酰化羊毛醇、棕榈酸异丙酯等物质，可提高发油的质量，因为这些物质能与植物油脂、矿物油互溶，还可防止油脂变质。此外，它们还能渗进头皮，增加头发的光泽。

2. 发蜡

发蜡用于修整硬而不顺的头发，使头发保持一定的形状，并使头发油亮。发蜡的外观呈透明的胶冻状或半凝固油状，生产发蜡的原料，主要是矿物油、石蜡、地蜡、鲸蜡以及凡士林和植物油等。为改善其性能，常加入合成蜡和聚氧乙烯类非离子表面活性剂。发蜡主要有两种类型：植物性发蜡和矿物性发蜡，由植物油、脂、蜡为主要原料的称为植物性发蜡；由矿脂为主要原料的称为矿物性发蜡。

3. 发乳

用动、植物油和矿物油制成的发油和发蜡虽能增加头发光泽，补充头发上的油分，有一定的护发效果，但它们对头发的断裂起不到任何抑制作用。为此，就必须给头发补充水分，以使头发滋润和柔软。可是仅仅只用水敷于头发上，很快就会蒸发掉，时效太短。而发乳，特别是水包油型发乳，外相是水分，容易被头发吸收，内相油分就在头发上形成一层油脂薄膜，起到保护头发的作用，特别是在洗发后立即敷用水包油型发乳，还有固定发型的效果，使头发柔软、润滑，光泽比较自然。药性发乳还能使头皮止痒和减少头皮屑。发乳有两种类型，即油/水型和水/油型发乳。

4. 发胶

发胶的作用是使梳理后的头发定型，使之不易被风吹散。一般发胶含有醇溶性薄膜形成剂，喷雾于头发上能形成具有良好性能的薄膜，以保持发型。形成的薄膜应具有良好的透明性、平滑性、耐水性、耐湿性、强韧性、柔软性、黏附性，一般可维持头发卷曲3~7天。也有采用水溶性树脂，加入少量蛋白质制成的头发定型剂，能使头发定型、光亮、固发。现在采用的成膜剂主要为聚乙烯吡咯烷酮及它与乙酸乙烯酯的共聚物和聚丙烯酸树脂烷基醇胺等，它们均具有一定的表面活性。发胶的制造方法一般是将各组分溶解于乙醇中，对于喷雾发胶，还须加入喷射剂之后再进行灌装。

5. 护发素

护发素也称头发护理剂（或头发调理剂），是一种洗发后使用的护发用品。护发素一般以水作为主要载体和连续相、而以阳离子表面活性剂和脂肪醇为最基本的成分，是一种水包油（O/W）型乳化剂。护发素护发的基本原理是将护发成分附着在头发表面，润滑发表层，减少摩擦力，从而减少因梳理等原因引起的静电及对头发的损伤，同时，护发成分形成的保护膜可以减缓因空气湿度变化而引起的头发内部水分的变化，防止头发过分吸湿或过度干燥。因此，护发素具有保护头发、柔软发质，使洗后头发柔软、蓬松、富有弹性、光亮、易于梳理等作用。性能良好的护发素除上述性能外，还应使用方便，在头发上易展开；黏度适中、流动性好，在保质期内黏度无变化；乳化稳定性好，不分层，不变质；有良好的渗透性；对皮肤和眼睛刺激性小；用后使头发留有芳香等。

护发素配方中起主要作用的成分是阳离子调理物、矿物油脂、动植物油脂、有机硅化合物、水溶性聚合物等。护发素的制造工艺主要是分别将油相和水相加热（若有其他相也同时加热），然后混合，再进行乳化，冷却后即可制得成品。

三、烫发、卷发类产品的生产

烫发或拉直处理是改变和美化头发的一种重要化妆艺术。烫发的方法有水烫、火烫、电烫和冷烫。用化学药剂而不需要外加热的烫发方法称为"冷烫"。其实，以化学药剂起主要作用的烫发，应该称为"化学烫"，其相应的制品应称为"化学卷发剂"。因此，烫发、卷发类制品，按商品性质和使用方法来划分，可分为电烫的电烫发剂和"化学烫"的化学卷发剂两大类。

1. 电烫发剂的生产

电烫发剂有三种剂型，水剂、粉剂和浆剂。水剂型配制操作简单，不需要耗用很多电能，烫发使用方便，但药剂容易滴下污染衣服，烫后头发缺乏滋润性。粉剂型配制包装也都很简单，产品储运携带方便，但在烫发时必须加水溶化后才能使用。目前，供应市场的电烫发剂，以乳化的烫发浆剂型为主。

2. 化学卷发剂的生产

化学卷发剂的配制步骤，首先是将巯基乙酸铵配制成所需要的浓度，然后调整卷发剂的pH，其次是各种添加剂的配伍。双剂型和三剂型的则另外再配氧化定型剂和调节调理剂。

四、染发类产品的生产

（一）染发剂的分类

所谓合成有机染料染发剂，是指采用化学合成法制得的有机染料或染料中间体作为染发成分的一类染发剂。根据染发后色泽在头发上的滞留时间分为持久性染发剂（氧化染发剂）、半持久性染发剂和暂时性染发剂三种类型；而按产品的形态，又可分为液状、乳状、膏状、粉状、香波型等。

1. 氧化染发剂

氧化染发剂也叫持久性染发剂，是目前市场上最为流行的染发用品。这类染发剂所用的是低分子量的染料中间体，如对苯二胺、对氨基苯酚等，这些染料中间体本身是无色的，但经氧化后则生成有色大分子化合物。它们色调范围广，染后耐光、耐汗、耐洗，一般能保持 40~50 天以上，即使用发油、发胶等化妆品也不会导致变色或溶出，且其具有使用方便、作用迅速、色泽自然、不损伤头发等特点。

氧化型染发剂通常是由含染料中间体的基质（或载体）和氧化显色剂两部分组成，下面就染料中间体、基质、氧化剂分别加以介绍。

（1）染料中间体

小分子的化合物易于渗入发髓。氧化染发剂就是含有小分子的染料中间体和偶合剂，这些染料中间体和偶合剂渗透进入头发的皮质层后，发生氧化反应、偶合和缩合反应形成较大的染料分子，被封闭在头发纤维内。由于染料中间体和偶合剂的种类不同、含量比例的差别，故产生色调不同的反应产物，各种色调产物组合成不同的色调，使头发染上不同的颜色。由于染料大分子是在头发纤维内通过染料中间体和偶合剂小分子反应生成，因此，在洗涤时，形成的染料大分子是不容易通过毛发纤维的孔径被清洗的。

对苯二胺是目前使用最广泛的染料之一，能将头发染成黑色。为提高对苯二胺类的染色效果，可在染发剂配方中少量添加间苯二酚、邻苯二酚、连苯二酚等多元酚，使着色牢固，染色光亮。对氨基酚也是使用最广泛的染料之一，能将头发染成褐色，同时并用对甲苯二胺和 2，4-二氨基甲氧基苯能将头发染成金色、暗红色。

影响染发的色调和染色力的因素有很多，如染料的品种、染料的浓度、染料基质、pH、显色时间长短、头发的状态等。

实际上，单独采用某种染料中间体是不够的，通常采用几种染料中间体混合使用，再加入修正剂，使之显现出所喜爱的颜色。如在对苯二胺中加入修正剂，其色调变化如下：加入间苯二酚显绿褐色；加入对苯二酚显淡灰褐色。因此染料中间体的选择至关重要，选用不同的染料中间体配伍，就能得到不同的色泽。

（2）基质

氧化染发剂的基质由表面活性剂、增稠剂、溶剂和保湿剂、抗氧化剂、氧化减缓剂、螯合剂、调理剂、碱类、香精等组成。

（3）氧化剂

氧化剂是氧化染发剂的另一主要组成部分，要求使用时氧化反应完全、无毒性、无副作用等。氧化剂中活性物的浓度，直接影响染料中间体在染发过程中氧化反应的完全程度。如果氧化剂中活性物含量偏低，则氧化反应进行不完全，会影响染发色泽；反之，如果活性物浓度过高，虽然氧化反应完全，但氧化剂本身既有氧化作用，又有漂白作用，也会影响染发的色泽，同时还会对头发角质蛋白产生破坏作用，影响染后头发的强度。

氧化染发剂使用的氧化剂通常为过氧化氢，使用浓度为6%，使用量与含染料中间体的基质等量，两瓶分装，使用前混合。过氧化氢在中性或弱碱性条件下易分解，而在酸性条件下则比较稳定，故在配制过氧化氢溶液时应适当控制氧化剂的pH，一般控制在3.0~4.0。如果pH过低，与染料基质混合后会减低染发剂的游离碱含量，从而影响染发的效果。但光靠控制pH来稳定氧化剂是不够的，还要加入稳定剂，常用的稳定剂是非那西丁、磷酸氢钠等，加入量为0.05%。

（4）氧化染发剂的安全性

染发剂中的染料中间体有一些是有一定毒性的，操作人员要特别重视，在生产制备时应注意防护，皮肤有破损者应尽量避免接触染料中间体的粉末和蒸气，平时操作制备时操作人员也应注意避免从呼吸道吸入染料中间体的粉末和蒸气。氧化染发剂对某些过敏性的皮肤不安全，因此初次使用氧化染发剂的人，使用之前应做皮肤接触试验，其方法是：按照调配方法调配好少量染发剂溶液，在耳后的皮肤上涂上小块染发剂（注意不能被擦掉），24小时后仔细观察被涂部位，如发现有红肿、水泡、疹块等症状，表明此人对这种染发剂有过敏反应，不能使用。另外头皮有破损或有皮炎者，也不可使用此类氧化染发剂。烫发者，则应先烫发后再染发，因为烫发剂的碱性能使氧化染料变成红棕色而影响染发的效果。

2. 直接染料染发剂

直接染料在织物染色中是指不依赖其他介质而能直接从水溶液中吸收染色的一类染料，主要是偶氮染料。在染发剂中是指不使用发色剂而能直接染色的染料，如酸性染料、分散染料等。与氧化染料相比，直接染料染发剂不使用氧化剂而直接对头发进行染色。

（二）染发剂的生产

染发剂是用来改变头发颜色，达到美化毛发目的的化妆品。

1. 染料的组成

对染发剂来说，染料的组成是关键。首先，根据染料中间体氧化反应后可能产生的色泽来选择。另外，因染料中间体含有少量的不同位置取代基的异构物，所以氧化生成的产物也不同，氧化反应后生成不同色泽，影响到染色效果。因此，染料中间体的选择至关重要，用不同的染料中间体配伍，氧化后会生成灰黄至黑色，就会得到不同的色泽。

2. 氧化剂中活性物的含量

氧化剂是染发剂的另一主要成分，氧化剂中活性物的浓度直接影响染料中间体在染发过程中氧化反应的完全程度。如果氧化剂中的活性物含量偏低，则氧化反应进行得不完全，可能生成的色泽会比原来拟定的偏浅；因反应完成得不完全，在其他介质的影响下，还有可能继续进行反应，但这种情况下染发后的色泽不稳定，达不到原定的效果。反之，如果氧化剂中的活性物含量偏高，氧化反应就可能进行完全了，但是氧化剂本身对头发既有氧化作用又有漂白作用，就有可能发生漂白作用与氧化作用同时进行的情况，而且氧化剂中活性物的含量偏高，会增强对头发角质蛋白的破坏力，加剧头发的损伤程度，同样达不到理想效果。

氧化剂多选用过氧化物作活性物，其中过氧化氢又是采用最多的活性物成分，一般配制成6%的浓度（当过氧化氢浓度大于6%时，容易引起皮肤灼伤）。6%过氧化氢不仅是氧化染发剂中的氧化剂，也是一种漂色剂，还可用来漂色头发，根据不同剂型也可配制成水状、乳液状、膏状等。

3. 膏状染发剂制备方法

将油醇、异丙醇、氨水、油酸在室温下混合均匀，并将 EDTA 二钠溶解于二乙醇二乙醚中、聚氧乙烯烷基酚醚溶解于水中，分别加热至65~70℃，混合后乳化。待冷却至50~55℃时再加入染料中间体，冷却至室温时再用少量氨水调节 pH 至9.0~11.0。

4. 染发香波染剂制备方法

将油醇、油酸、可溶性羊毛脂、异丙醇一起混合均匀，并将 EDTA 二钠、亚硫酸钠溶解于丙二醇、水、氨水溶液中，分别加热至65~70℃，混合搅拌。搅拌至50℃时加入染料中间体，搅拌至室温时，用适量氨水调整 pH 至9.0~11.0。

5. 水状氧化剂制备方法

将稳定剂、增稠剂溶解于水中，随后与30%过氧化氢混合搅匀，然后用 pH 调节剂调整 pH 至3~4。

6. 乳液、膏状氧化剂制备方法

将十六醇、聚氧乙烯硬脂酸酯一起加热至70℃，然后将加热至72℃的去离子水缓慢地加入上述混合物中，用机械搅拌乳化。大约搅拌至室温时，缓慢搅拌至冷却，并补充少量的水分，再加入过氧化氢，随后加入磷酸调节 pH 至 3.5~4.0。

五、发用类化妆品质量控制

1. 发油的质量控制

（1）透明度

采用低黏度及中等黏度的白油，选用在白油中溶解度好的各种单体香料所配制的香精，并保持包装所使用的玻璃瓶干燥。

（2）储存数月后有香精析出

制造时应先将白油加温，然后加入香精，充分搅拌使香精溶解。应选用香气较好的香精并减少香精用量。

2. 发蜡的质量控制

（1）植物发蜡有油脂气味

应选用酸价<2 的蓖麻油，制造前先用水蒸气在真空情况下将蓖麻油脱臭。

（2）植物发蜡有酸败气味

保管原料和制造发蜡过程中，应避免渗入水分，因为蓖麻油能溶解微量水分，水分能促使油脂酸败；不要用铁制容器和工具。

（3）矿脂发蜡在冷天"脱壳"

发蜡浇瓶后，室温过低或保温条件不好，会使发蜡冷却速度过快，从而产生收缩；另一原因是玻璃瓶不够干燥或内含有微量水分；白凡士林的蜡分含量过多、过硬也会导致"脱壳"。过硬的白凡士林，要适当加入少量高黏度的白油调节。

（4）矿脂发蜡在热天"发汗"

白凡士林中含有石蜡成分或白凡士林熔点过低，在热天室温较高时会导致发蜡表面有汗珠状油滴渗出，称为"发汗"。为了控制热天发汗渗油，较理想的方法是严格注意选择白凡士林的质量，其次是加入天然地蜡或鲸蜡。天然地蜡的吸油性能很好，其加入量以控制在热天基本上不"发汗"为度，否则，发蜡过于黏稠，使用时的展开性能就差。

3. 发乳的质量控制

（1）发乳的细菌污染

发乳中的一些成分容易发生酸败，细菌和霉菌也可随时侵入，因此，添加有效的防腐剂和抗氧化剂是非常必要的。另外，在生产储存和灌装等过程中保持清洁，也能有效地防止乳化体受细菌的污染。

（2）滋润和光泽效果

油相对头发的滋润和光泽具有很大的影响。低黏度和中等黏度的矿物质油效果较好，加入蜂蜡和各种蜡可以增加光泽、提高黏度，增进修饰头发的效果。固体蜡的含量过高，使用时在头发上易留下白色沉渣，因此应注意控制固体蜡的含量。

4. 染发剂质量控制

染发剂是一个易变化的产品，在染发剂制备和储存过程中一般要考虑以下几个因素：

（1）染料的纯度

染料中间体选择的优劣，直接关系到染色的效果好坏，染料中间体的质量越纯越好，应尽量做到产品原料符合质量要求。

（2）氧化剂中活性物

膏状染发剂或染发香波多采用过氧化氢作氧化剂的活性物。过氧化氢本身就是一个相当不稳定的物质，极易分解失氧，只有在酸性条件下才比较稳定，故在配制过氧化氢溶液时应适当控制氧化剂的 pH。如果氧化剂的酸度偏低，过氧化氢不稳定易分解；酸度偏高，虽然减缓了过氧化氢的分解速度，但与染料基质部分混合后减低了游离碱的含量，同样会影响染色的效果。在配制时调节氧化剂的 pH 至 3.0~4.0，但是光靠控制 pH 来稳定氧化剂是远远不够的，必须再加入一些稳定剂以阻滞氧化剂的自身分解。

（3）游离碱

染发剂的游离碱含量也是影响染发质量的关键。如果 pH 偏高，在碱性条件下头皮易膨胀，有利于染料中间体对头发的渗透，同时染料在碱性下易氧化变色，能够加快染色速度；然而在染发过程中，碱性较强的染发剂容易引起皮肤的刺激，同时储存时也会加速染料中间体的自身氧化速度而缩短保质期。如果 pH 偏低，氧化反应进行得不完全，则同样引起染色效果减弱。一般将染料的组成部分的 pH 控制在 9.0~11.0。

（4）染发剂的黏度

染发剂染剂的黏度也应严格控制，因为染剂的黏度同样影响到染发的效果。如果黏度偏低，在染发过程中易沾染头皮、衣服，染发剂的膏体也不易黏附在头发表面，容易造成染发不均匀，影响染色的效果。应适当提高染发剂的黏度，使得染发剂的膏体既能黏附在头发表面，又不滴落在衣服上，还能在包装时易于灌装。

任务九　制作香皂

生产宣称具有特殊化妆品功效的香皂常用传统的煮皂法（又称锅煮法）、先进的连续皂化法和油脂水解-中和制皂法三种。

1. 煮皂法（锅煮法）

煮皂法（锅煮法）已沿用数百年，其特点是周期长、蒸汽消耗大、占地面积大，需要熟练的制皂工人，甘油回收率低，但其设备投资省。

（1）皂基

将有合适凝固点的混合油脂经溶油、脱色、脱臭处理后，在煮皂锅中与23.5%的液碱以直接蒸汽煮沸，进行第一次皂化反应。反应开始缓慢，然后加快，最后又渐趋减弱。待皂化率达90%~95%时，即得含脂肪酸约48%~50%的皂胶。将皂胶用盐水进行盐析，以使不溶于盐水的皂和溶于盐水的甘油与部分色素等杂质相分离。物料获得充分搅拌后经蒸汽翻腾、静置，放出下层物料待处理，上层物料用碱水进行碱析，即用少量碱液使未皂化的油脂皂化完全，以提高皂基质量，同时有效地将皂液和甘油进一步分离，此时皂化率达99.5%以上。然后用水、盐水调整皂胶，使皂基和不纯物质充分分离，上层即为皂基，其脂肪酸含量控制在60%~62%（水分含量约30%~35%），下层即为皂胶。

（2）皂粒

将脂肪酸含量为60%~62%的皂基与热稳定性较好的辅料（如EDTA二钠）在调和缸中混合均匀，然后在常压或真空下干燥至水分含量在15%以下，通过螺旋输送器和带有旋转刀片的多孔板即得皂粒。

（3）成品

按配方将皂粒与其他添加剂按比例在拌料机中混合，经过几个串联的精制机后由真空出条机出条、打印、包装即得成品。

2. 连续皂化法

国外大多采用连续皂化法生产皂基，其特点是甘油回收率高。常采用的有Sharples法、De-laval法、Monsavon法和Mechaniche Moderen法。

（1）皂基

各类连续皂化法制造皂基的方法不同，此处不再一一介绍。

（2）皂粒和成品

皂粒和成品的制得与煮皂法相同。

3. 油脂水解-中和制皂法

油脂水解-中和制皂法首先是将油脂水解成脂肪酸，然后与氢氧化钠中和而得皂基。

（1）油脂水解

油脂水解有加压水解和酶法水解两种。加压水解法在国内仅有少数企业采用，而在国外已经得到推广。其制造工艺为：将混合油脂经水化法脱胶处理去除油脂中磷脂、蛋白质以及其他结构不明的胶质和黏液质等，即将油脂在带有搅拌装置的锥底锅中用盘管加热至适当温度，在不断搅拌下淋入淡盐水，然后静置分层。上层油脂可从水解塔的底部进入，而水可从塔顶进入。在一定的温度和压力下水解，将所得的粗脂肪酸经脱气、脱水后进行负压蒸馏，得到制皂用的精制脂肪酸（C12-18）。油脂水解的另一种方法是酶法水解，此法在国内尚无采用。它的特点是设备投资省、反应条件温和、专一性强、副反应少，但酶水解时间长（1~4天）、水解率不高（90%左右）且脂肪酶价格较高。酶法水解是利用特殊的脂肪酶对油脂的定向水解。

（2）中和

将水解所得脂肪酸、液体氢氧化钠、盐水按一定配比计量中和，中和反应瞬时完成，从而制得纯度高、色泽好的皂基。

（3）皂粒和成品

皂粒和成品的制取同煮皂法。

03

项目三

通用物理参数的检测

在化妆品质量检验过程中，涉及对原料和产品各项质量参数的检测。常见的通用物理常数包括物料的密度或相对密度、熔点、凝固点、黏度、色度、电导率、折射率、旋光度等。这些常数作为化妆品原料的特定性质，与其纯度、结构稳定性等质量规格要求密切相关，是生产企业控制原材料质量规格的重要途径，也是保证化妆品产品质量的主要手段。而常见的通用化学常数则包括 pH、酸值、皂化值、碘值、不皂化值、总脂肪物、氧化脂肪酸等，是化妆品常用油脂性原料质量性能的重要常数，也是化妆品中间物料检测及成品质量控制的主要方面。因此，掌握化妆品及原料通用物理、化学参数的检测方法，熟悉相关仪器装置的测定原理及检测技术，是学习化妆品质量检验技术的必备基础。

任务一　相对密度的测定

密度是物质的一个重要物理常数，尤其是对有机化合物而言，根据其密度，可以区分化学组成类似的化合物、鉴定液态化合物的纯度，定量分析单一溶质溶液的浓度。

一、密度的定义与分类

在化妆品相关质量测试工作中，经常用来表述和需要测量的有关物质密度的物理量有密度、相对密度和堆积密度三种。

1. 密度

密度，又称为绝对密度，符号为 ρ。定义为物质的质量与体积之比，单位为 kg/m^3，分析中常用其分数单位 g/cm^3，对于液体物质更习惯于表达为 g/mL。其数学表达式为：

$$\rho = \frac{m}{V} \tag{3-1}$$

2. 相对密度

由于在实际工作中直接准确测定物质的绝对密度是比较困难的，因此，在化妆品及原料检测中通常是测定物质的相对密度。相对密度，符号为 d。定义为一定体积的物质在温度 t_2 时的密度与同体积的蒸馏水在温度 t_1 时的密度之比，记为 $d_{t_1}^{t_2}$，称为该物质的相对密度。相对密度没有单位。

根据绝对密度的定义进行相关推导，可知实际上物质的相对密度为该物质与蒸馏水分别在温度 t_2 和 t_1 时，等体积质量之比，即：

$$d_{t_1}^{t_2} = \frac{m_{t_2}}{m_{t_1}} \tag{3-2}$$

式中　m_{t_2}——一定体积的物质在温度 t_2 时的质量；

　　　m_{t_1}——一定体积的蒸馏水在温度 t_1 时的质量。

在实际工作中，物质的相对密度常采用 d_{20}^{20}、d_4^{20} 及 d_{15}^{15} 等。国际标准相对密度采用 d_{20}^{20}，即物质和等体积蒸馏水的测定温度均为 20℃。

相对密度是化妆品原料及成品质量常用的物理常数，常见于原料油脂质量的监控。纯净油脂的相对密度与其脂肪酸的组成和结构有关，如油脂分子内氧的质量分数越大，其相对密度越大。因此，随着油脂分子中低分子脂肪酸、不饱和脂肪酸和羟基酸含量的增加，其相对密度增大。油脂的相对密度范围一般在 0.870~0.970。

目前部分化妆品产品要求的密度指标见表 3-1。

表 3-1　　　　　　　　　　　　　　　部分化妆品产品要求的密度指标

产品名称及标准		密度或相对密度
发油（QB／T 1862—2011）	相对密度（20℃／20℃）	单相发油：0.810~0.980
		双相发油：油相 0.810~0.980，水相 0.880~1.100
化妆水（QB／T 2660—2004）	相对密度（20℃／20℃）	规定值±0.020
花露水（QB／T 1858.1—2006）	相对密度（20℃／20℃）	0.840~0.940
芦荟汁（QB／T 2488—2006）	相对密度	1.000~1.200

3. 堆积密度

堆积密度是指待测物料的质量除以在规定时间内物料自由下落堆积而成的体积。其数学表达式与密度相同，常用单位为 g/mL。

堆积密度这个量一般只用于对物料粒度有规定要求的化工类固体产品，如离子交换树脂、洗衣粉等。

二、相对密度的测定方法

化妆品原料及产品相对密度常用的测定方法有密度计法、密度瓶法和韦氏天平法等。密度计法和密度瓶法的测定参照《化妆品通用检验方法　相对密度的测定》（GB/T 13531.4—2013）。

1. 密度计法

密度计是一根两头都封闭的玻璃管，中间部分较粗且内有空气，所以放在液体中可以浮起。它的末端是一个玻璃球，球内灌满了铅砂，能使密度计直立于液体中。圆球上部较细，管内有刻度标尺，刻度标尺的刻度越向上越小。

密度计的测定原理是阿基米德原理。当密度计浸入液体时，受到浮力的大小等于密度计排开的液体质量。当浮力等于密度计自身重量时，密度计处于平衡状态。密度计在平衡状态时浸没于液体的深度取决于液体的密度，液体的相对密度越大，密度计在液体中漂浮越高；液体的相对密度越小，则沉没越深。

　　密度计种类有很多，它们的精密度、用途和分类方法各不相同，常用的有标准密度计、实验室用密度计、实验室用酒精计、工作用酒精计、工作用海水密度计、工作用石油密度计和工作用糖度计等。各种密度计如图3-1所示。

　　密度计的使用方法及读数示意分别如图3-2、图3-3所示。

　　我们可以由密度计在被测液体中达到平衡状态时所浸没的深度读出该样品如花露水、化妆水等化妆品的相对密度。

　　通常相对密度的测定温度在20℃，若测定温度不在20℃，而为常温t℃时，可按式（3-3）计算：

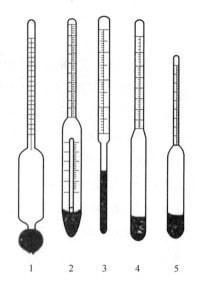

1—糖锤度密度计；2—带温度计的糖锤度密度计；3、4—波美密度计；5—酒精计。

图3-1　各种密度计

$$\rho_1 = \rho'[1+a(20-t)] \tag{3-3}$$

式中　ρ_1——常温t℃时，试样的密度；

　　　ρ'——温度为t℃时，密度计的读数；

　　　a——密度计的玻璃体胀系数，一般为0.000025/℃；

　　　t——测定时的温度。

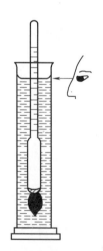

图3-2　密度计使用方法

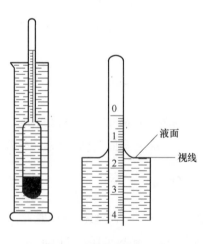

液面
视线

图3-3　密度计读数示意

　　密度计法是测定液体密度最便捷而又最实用的方法，但其准确度不如密度瓶法。

2. 密度瓶法

密度瓶是测定液体相对密度的专用精密仪器，是容积固定的玻璃称量瓶，其种类和规格有多种。常用的规格有 50mL、25mL、10mL、5mL、1mL，形状一般为球形，分为带毛细血管的普通密度瓶和附温度计的精密密度瓶，比较标准的是附有特制温度计、带磨口帽的小支管密度瓶，分别如图 3-4 及图 3-5 所示。

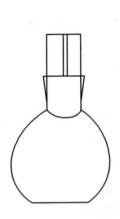

1—密度瓶主体；2—温度计（0.1℃）；3—支管；

4—磨口；5—支管磨口帽；6—出气孔。

图 3-4　带毛细管的普通密度瓶　　　　图 3-5　附温度计的精密密度瓶

密度瓶法测定液体密度的原理是：在同一温度下，用蒸馏水标定密度瓶的体积，然后用同体积待测样品的质量计算其密度。密度瓶法测定相对密度是较精确的方法之一，可按式（3-4）计算：

$$d_{t_0}^{t} = \frac{m_2 - m_0}{m_1 - m_0} \tag{3-4}$$

式中　　$d_{t_0}^{t}$——试样在 t℃时相对于 t_0℃时同体积水的相对密度；

m_2——试样和密度瓶的质量之和，g；

m_1——水和密度瓶的质量之和，g；

m_0——空密度瓶的质量，g。

测定时的温度通常规定为 20℃，有时由于某种原因，也可能采用其他温度。若如此，则测定结果应标明所采用的温度。

为了便于比较物料的相对密度，可以将测得的 d_{20}^{20} 换算为以 1.0000 作标准，按式（3-5）计算：

$$d_1^{20} = d_{20}^{20} \times 0.99823 \tag{3-5}$$

3. 韦氏天平法

韦氏天平法的准确度较密度瓶法差，但测定手续简单快速，其读数精度能达到小数后第四位。

韦氏天平法的测定原理是：在水和被测样中分别测量"浮锤"的浮力，由游码的读数计算出试样的相对密度。

韦氏天平的结构如图 3-6 所示，其操作步骤如下：

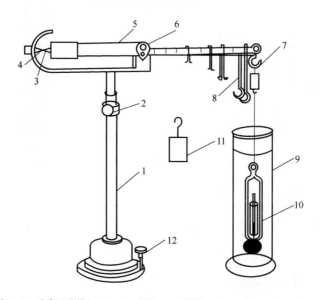

1—支架；2—升降调节旋钮；3、4—指针；5—横梁；6—刀口；7—挂钩；8—游码；
9—玻璃圆筒；10—玻锤；11—砝码；12—调零旋钮。

图 3-6　韦氏天平结构图

① 将韦氏天平安装好，浮锤通过细铂丝挂在小钩上，旋转调整旋钮，使两个指针对正为止。

② 向玻璃圆筒中缓慢注入预先煮沸并冷却至 20℃ 的蒸馏水，将浮锤全部浸入水中，不得带入气泡，然后把玻璃圆筒置于（20.0±0.1）℃ 恒温水浴中恒温 20min 以上，待温度一致时，通过调节天平的游码使天平梁平衡，记录游码总值。

③ 取出浮锤，干燥后在相同温度下，用待测试样进行步骤②的同样操作。

④ 结果计算。试样的密度 ρ_{20} 按式（3-6）计算：

$$\rho_{20} = \frac{n_1}{n_2}\rho_{20}(H_2O) \tag{3-6}$$

式中　n_1——在水中游码的读数（游码总值）；

n_2——在被测试样中游码的读数（游码总值）；

$\rho_{20}(H_2O)$——20℃ 时水的密度，为 0.99220g/cm³。

操作时要特别注意：因韦氏天平所配置的游码的质量是由浮锤体积决定的，所以每台天平都有与自己相应配套浮锤和一套游码，切不可与其他浮锤或游码相互代替。

任务二　熔点的测定

熔点的测定常见于化妆品原料油脂质量检测中，油脂的熔点是指油脂由固态转为液态时的温度。纯净的油脂和脂肪酸有其固定的熔点，但天然油脂的纯度不高，熔点不够明显。

油脂的熔点与其组成和组分的分子结构密切相关。一般组成脂肪酸的碳链越长熔点越高；不饱和程度越大，熔点越低。双键位置不同熔点也会有差异。对于固体油脂及硬化油等样品，测定熔点的目的通常是检验纯度或硬化度。

测定熔点的方法有毛细管法、显微熔点测定法、熔点测定仪测定法等。

一、毛细管法

毛细管法测定熔点的浴热方式有多种，常用的有齐勒管式、双浴式和烧杯式等，如图3-7所示。

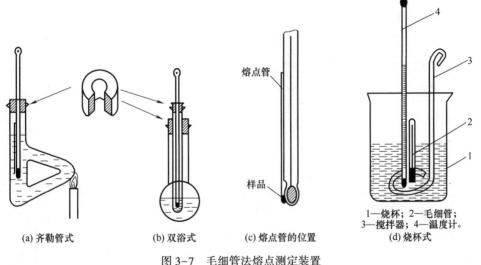

(a) 齐勒管式　　(b) 双浴式　　(c) 熔点管的位置　　(d) 烧杯式

1—烧杯；2—毛细管；3—搅拌器；4—温度计。

图3-7　毛细管法熔点测定装置

测定步骤：

将样品研成细末，除另有规定外，应参照各样品项下干燥失重的温度干燥。如样品不检查干燥失重，熔点范围低限在135℃以上、受热不分解的样品，可采用105℃进行干燥；熔点在135℃以下或受热分解的样品，可在五氧化二磷干燥器中干燥过夜，或用其他适宜的干燥方法进行干燥。

1. 一般样品的测定

将少量干燥研细的样品放入清洁干燥、一端封口的毛细管中。取一高约800mm的干燥玻璃管，直立于瓷板或玻璃板上，将装有样品的毛细管投落5~6次，直至毛细管内样品紧缩至2~3mm高。

将熔点测定装置安装好，装入适量相宜的浴液后，小心加热，在温度缓缓上升到熔点前10℃时，将装有样品的毛细管附着于测量温度计上，使样品层面与温度计的水银球的中部在同一高度（即毛细管的内容物部分应在温度计水银球中部），放入浴液中。继续加热，调节加热器使温度上升速率保持在（1.0±0.1）℃/min。

当样品出现局部液化（出现明显液滴）时的温度即为初熔温度；样品完全熔化时的温度作为终熔温度。

2. 易分解或易脱水样品的测定

易分解或易脱水样品的测定方法除每分钟升温为2.5~3℃及毛细管装入样品后另一端亦应熔封外，其余与一般样品的测定方法相同。

3. 不易粉碎的样品（如蜡状样品）的测定

熔化无水洁净的样品后，将毛细管一端插入，使样品上升至约10mm，冷却凝固；封闭毛细管一端，将毛细管附着在温度计上，试样与温度计水银球平齐。按一般样品的测定方法，将附着毛细管的温度计放入浴液中，加热至温度上升到熔点前5℃时，调节热源，使温度上升速度保持0.5℃/min，同时注意观察毛细管内的样品，当样品在毛细管内刚上升时，表示样品在熔化，此时温度计的读数即是样品的熔点。

毛细管法虽然是比较古老的方法，但其设备简单，易于操作，目前在实验室中仍被广泛使用。

二、显微熔点测定法

用显微熔点测定仪（图3-8）测定熔点的方法称为显微熔点测定法。测定方法是：将电载物台放在显微镜的物镜下方，对样品进行加热，通过样品在加热过程中的显微变化来测定物质的熔点。在测定熔点的同时，还可以观察试样受热时的变化过程，如脱水、升华、分解、多晶形物质的晶形转化等。

显微熔点测定仪外形尽管有多种，但其核心组

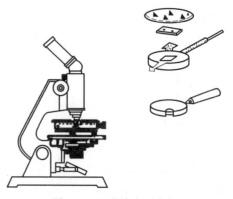

图3-8　显微熔点测定仪

件都包括放大 50~100 倍的显微镜和载物台（由电加热，有侧孔且已插入校正过的温度计）两部分。显微熔点测定仪实物图如图 3-9 所示。

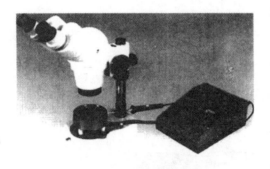

图 3-9　显微熔点测定仪实物图

三、其他方法

熔点测定还有数字熔点测定仪测定法、目视熔点测定仪测定法，仪器分别如图 3-10 和图 3-11 所示。

图 3-10　数字熔点测定仪

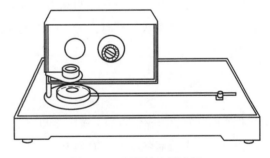

图 3-11　目视熔点测定仪

知识链接

熔 点 测 定

熔点测定试验及原理示意图如图 3-12 所示。

熔点理论上应该是固态和液态共存时的温度。通常纯的固体物质转变为液体时的温度变化非常敏锐。从初熔到全熔的温度范围常在 1℃ 以内。如果物质中含有少量杂质，就会使熔融变化不敏锐，熔点范围显著增大并通常使熔点降低，所以熔点是衡量物质纯度的一个标准。

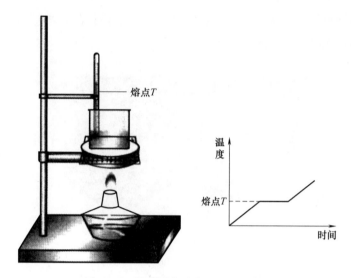

图 3-12　熔点测定试验及原理示意图

任务三　凝固点的测定

凝固点也是常见化妆品原料油脂和脂肪酸的重要质量指标之一，在制备膏状产品时，对油脂的配方有重要指导作用。

一、测定原理

熔化的样品如油脂或脂肪酸，缓缓冷却逐渐凝固时，由于凝固放出的潜热而使温度略有回升，回升的最高温度即是该物质的凝固点，所以熔化和凝固是可逆的平衡现象。纯物质的熔点和凝固点应相同，但通常熔点要比凝固点略低 $1 \sim 2℃$。每种纯物质都有其固定的凝固点，天然的油脂无明显的凝固点。

二、测定装置

测定凝固点的装置如图 3-13 所示。

三、测定步骤

将被测样品装入试管中并装至刻度，温度计的水银

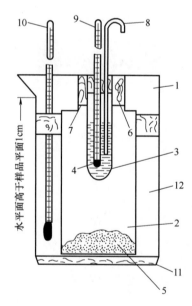

1—烧杯；2—广口瓶；3—试管；4—试样；
5—重物；6、7—软木塞；8—搅拌器；
9、10—温度计；11—软木塞；12—水浴。

图 3-13　测定凝固点装置图

球插在样品的中部，其温度读数至少在该样品的凝固点之上 10℃。

置试管于有软木塞的广口瓶中，按下法调整水浴的温度（水平面高于样品平面 1cm）：若待测样品的凝固点不低于 35℃，水温应保持 20℃；凝固点在 35℃ 以下，水温应调到凝固点下 15~20℃。

用套在温度计上的搅拌器作上下 40mm 等速搅拌，每分钟 80~100 次。每隔 15s 读一次数，当温度计的水银柱停留在一点上约达 30s 时，立即停止搅拌。仔细观察温度计水银柱的骤然上升现象，上升的最高点即为该样品的凝固点。

平行测定允许误差为 ±0.3℃。

注意事项：温度计插入样品之前，用滤纸包着水银球，以手温热，避免因玻璃表面温度较低而结一层薄膜，影响观察读数。

任务四　黏度的测定

一、化妆品流变学特性

1. 流变学的概念

在适当外力的作用下，物质所具有的流动和变形的性能，称为流变性。流变学指研究物体变形和流动的科学。

化妆品流变学特性包括分散体系的黏度、弹性、硬度、塑变和黏弹性等参数，常常与产品质量、稳定性和功能有密切关系。因此，流变学理论对乳化体、胶体、溶液类等产品的配方组成及调整、质量控制和包装设计等研究具有重要意义。

2. 流体的分类

量度物质流变性最常用的物理量是黏度。流体可分为牛顿流体和非牛顿流体两大类，具体分类见表 3-2。

表 3-2　　流体的分类

		牛顿流体		
纯黏性流体	与时间无关流体	假塑性流体 胀流性流体		非牛顿流体
		宾厄姆流体 塑变-假塑性流体 塑变-胀流性流体	塑性流体	

续表

纯黏性流体	与时间有关流体	触变流体	非牛顿流体
		震凝流体	
	黏弹性流体	多种类型	

（1）牛顿流体

牛顿流体表现为切变应力与切变速度成正比，按式（3-7）计算：

$$F/A = \eta \mathrm{d}v/\mathrm{d}\gamma \tag{3-7}$$

式中　F/A——切变应力；

　　$\mathrm{d}v/\mathrm{d}\gamma$——切变速度；

　　　η——黏度系数或黏度。

牛顿流体的特征是黏度为一常数，如水、乙醇、甘油、橄榄油、蓖麻油等均属于牛顿流体。

（2）非牛顿流体

非牛顿流体不符合切变应力和切变速度成正比的关系，其黏度是随切变应力的变化而变化的。如黄原胶（汉生胶）溶液、瓜尔胶溶液、阿拉伯胶水溶液、角叉（菜）胶、CMC羧甲基纤维素（钠）、HEC羟乙基纤维素、丙烯酸类聚合物等高分子胶质原料，还有乳浊液、软膏及一些混悬剂等，均属于非牛顿流体。

非牛顿流体按流动方式的不同，可分为塑性流体、假塑性流体、胀流性流体、触变流体等。

3. 流变曲线

把切变速度（$D = \mathrm{d}v/\mathrm{d}\gamma$）随切变应力（$\alpha = F/A$）的变化而变化的规律绘制的曲线称为流变曲线，如图3-14所示。牛顿流体流变曲线是通过原点的直线，可以用一点的黏度绘制；非牛顿流体的流变曲线有的不通过原点，且大部分为曲线，切变速度与对应的切变应力须一一测定后才能绘制出流变曲线。

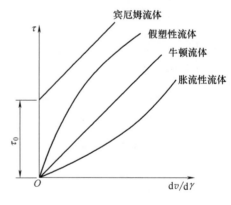

图3-14　流变曲线

4. 化妆品的流变学性质

不同化妆品的流变学性质见表3-3。

表3-3　　　　　　　　　　　不同化妆品的流变学性质

分类	形状	产品	流变学性质
油性制品	液状	发油、防晒油、化妆用油	牛顿黏性
	半固体状-固体状	润发脂、发蜡、无水油性膏霜、唇膏、软膏基质	塑性体，油脂结晶的网状结构

续表

分类	形状	产品	流变学性质
水性制品	液状	化妆水、花露水、香水、润发水	牛顿黏性
	半固体状 固体状	果冻状膏霜 面膜	非牛顿黏性，塑性体 流动—黏着—固化—剥离
粉末制品	粉末状	香粉、爽身粉	塑性流动，膨胀，粉体的流动
油性+水性制品 （乳化体）	液状	乳液、发膏、护发素	非牛顿黏性，假塑性，塑性
	半固体状–固体状	膏霜	多为触变性；由于分散液滴和结构成分而造成结构形态的破坏
油性+粉末制品	液状	指甲油（粉末+有机溶剂）	触变性；流动和结构回复，易涂抹
水性+粉末制品	液状	化妆水粉	塑性流动；静止状态下沉降，振荡后再分散
	半固体状–固体状	面膜	触变性凝胶，塑性大 假塑性流动
油性+水性+粉末制品（几乎不含水分）	液状	粉底液	塑性流动
	半固体状–固体状	粉底霜	塑性流动
	固形	粉饼（固体香粉）、眼影粉	粉体流动

流变学在化妆品中的应用见表3–4。

表3–4　　　　　　　　　　流变学在化妆品中的应用

液体	半固体	固体	制备工艺
混合	皮肤表面上产品的铺展性和黏附性	压粉或填充散粉时粉体的流动	装量的生产能力
由剪切引起的分散系粒子的粉碎	从瓶或管状容器中产品的挤出	粉末状（片状或颗粒状）固体充填性	操作效率的提高
容器中的液体的流出和流入	与液体能够混合的固体量	—	—
通过管道输送液体的生产过程	产品表面的光洁度	—	—
分散体系的物理稳定性	—	—	—

二、黏度的定义与分类

黏度是液体流变学性质的其中一个参数。液体流动时的内部摩擦阻力即称黏度，黏度是流体的一个重要物理特性，简单地说，黏度代表的就是流体流动的阻力大小。黏度越大，液体越难流动。

液体的黏度分为绝对黏度和运动黏度。

（1）绝对黏度

绝对黏度又称为动力黏度。使相距 $1cm^2$ 的两层液体以 $1cm/s$ 的速度作相对运动时，如果

作用于 $1cm^2$ 面积上的阻力为 $10^{-5}N$，则该液体的绝对黏度为 1。绝对黏度用 η 表示，SI 单位为 Pa·s，实际应用中多用 mPa·s。

（2）运动黏度

运动黏度是指液体的绝对黏度与其相同温度下的密度之比值。运动黏度以 γ 表示，SI 单位为 $m^2·s$。

液体的黏度与物质分子的大小有关系，分子较大时黏度较大，分子较小时黏度较小。同一液体物质的黏度与温度有关，温度增高时黏度减少，温度降低时黏度增大。因此，测得的液体黏度应注明温度条件。

三、化妆品原料及成品黏度的测定

黏度是化妆品液体原料和油脂原料及膏霜乳液类化妆品的重要质量指标之一。黏度虽与化妆品的品质无绝对的关系，但一个好的产品，必须要有好的外观品质。例如，某公司每批上市的乳液或洗发精的稠度都不尽相同，会令消费者产生品质不一的错觉；或者，产品标示为面霜，但黏度却过低如乳液状，也会令人有品质不良或偷工减料的感觉。黏度有时也可以衡量产品的质量好坏，通过黏度的测定可间接控制其他的指标如流动性、浓度、透明度等。

一般相对分子质量低的液体或油脂原料，其黏度的大小基本上遵循牛顿定律，即剪切速度与剪切应力成正比的关系，这种流体称之为"牛顿流体"。而化妆品一般为混合物，且广为使用各种高分子胶配合于配方中，其黏度通常偏高，且不遵循牛顿定律，我们视之为"非牛顿流体"。

测定牛顿流体黏度常用的仪器有毛细管黏度计（奥氏和乌氏黏度计）和落球式黏度计，如图 3-15 所示。测定非牛顿流体黏度的常用仪器为旋转式黏度计。黏度的测定需要在恒温条件下进行，恒温水浴槽装置如图 3-16 所示。

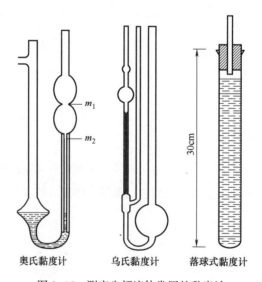

图 3-15　测定牛顿流体常用的黏度计

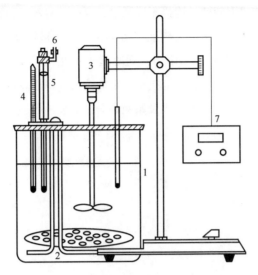

1—浴槽；2—加热器；3—搅拌器；4—温度计；

5—感温元件（接触温度计）；6—接温度控制器；7—接数字贝克曼温度计。

图 3-16　恒温水浴槽装置

四、旋转黏度计工作原理

旋转黏度计在化妆品原料及成品检验中较常使用，其测量的是动力黏度，非常适于黏度范围为（$5 \sim 5 \times 10^4$）mPa·s 的产品。

旋转黏度计工作原理是基于一定转速转动的转筒（或转子）在液体中克服液体的黏滞阻力所需的转矩与液体的黏度成正比关系。NDJ-4 型旋转黏度计的构造及实物如图 3-17 和图 3-18 所示。

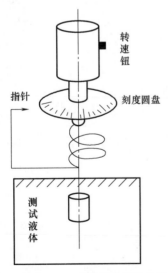

图 3-17　NDJ-4 型旋转黏度计构造图

图 3-18　NDJ-4 型旋转黏度计实物图

当同步电机以稳定的速度旋转，连接刻度圆盘，再通过游丝和转轴带动转子旋转。如果转子未受到液体的阻力，则游丝、指针与刻度圆盘同速旋转，指针在刻度圆盘上指出的读数为"0"；反之，如果转子受到液体的黏滞阻力，则游丝产生扭矩，与黏滞阻力抗衡，最后达到平衡，这时与游丝连接的指针在刻度圆盘上指示一定的读数（即游丝的扭转角）。

NDJ-4 型旋转黏度计转子转速量程表及系数表分别见表 3-5 及表 3-6。

表 3-5　　　　　　　　　　　　NDJ-4 型旋转黏度计转子转速量程表

选择挡	转子转速 / (r/min)	满量程值／(mPa·s)			
		No. 1	No. 2	No. 3	No. 4
H	60	100	500	2000	10000
	30	200	1000	4000	20000
	12	500	2500	10000	50000
	6	1000	5000	20000	100000
	3	2000	10000	40000	200000
L	1.5	4000	20000	80000	400000
	0.6	10000	50000	200000	1000000
	0.3	20000	100000	400000	2000000

注：实际参数见黏度计所附对照表。

表 3-6　　　　　　　　　　　　NDJ-4 型旋转黏度计转子转速系数表

选择挡	转子转速 / (r/min)	系　数			
		No. 1	No. 2	No. 3	No. 4
H	60	1	5	20	100
	30	2	10	40	200
	12	5	25	100	500
	6	10	50	200	1000
	3	20	100	400	2000
L	1.5	40	200	800	4000
	0.6	100	500	2000	10000
	0.3	200	1000	4000	20000

注：实际参数见黏度计所附对照表。

转子编号所对应的转子规格如图 3-19 所示。

样品的黏度 η 按式（3-8）计算：

$$\eta = K\alpha \tag{3-8}$$

式中　K——系数，根据所选的转子和转速由仪器给定；

　　　α——读数。

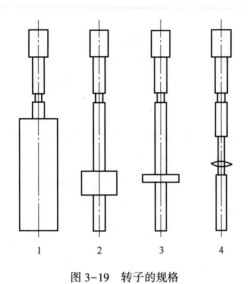

图 3-19　转子的规格

五、旋转黏度计法测定步骤

1. 试样的配制

试样的采集和配制过程中应保证试样均匀无气泡。试样量要能满足旋转黏度计测定的需要。

2. 旋转黏度计使用

① 同种试样应该选择适宜的相同转子和转速，使读数在刻度圆盘的 20%～80%范围内。

② 将盛有试样的容器放入恒温水浴中，保持 20min，使试样温度与试验温度平衡，并保持试样温度均匀。

③ 将转子垂直浸入试样中心部位，并使液面达到转子液位标线（有保护架应装上）。

④ 开动旋转黏度计，读取旋转时指针在圆盘上不变时的读数。

⑤ 每个试样测定 3 次，取 3 次测定中最小读数。

任务五　色度的测定

一、色度测定的意义

产品的色度是指产品颜色的深浅。物质的颜色是产品重要的外观标志，也是鉴别物质的重要性质之一。

产品的颜色与产品的类别和纯度有关。例如纯净的水在水层浅的时候为无色,深时为浅蓝绿色;水中如含有杂质,则出现一些淡黄色甚至棕黄色。无论是白色固体或无色的液体化工产品,它们的颜色总有不同程度的差别。因此,检验产品的颜色可以鉴定产品的质量并指导和控制产品的生产。

纯净的油脂应是无色无味无臭的。通常,油脂受炼制方法、储存的条件和方法等因素的影响而具有不同的色泽。例如:羊油、牛油、硬化油、猪油、椰子油等为白色至灰白色;豆油、花生油和精炼的棉籽油等为淡黄色至棕黄色;蓖麻油为黄绿色至暗绿色;骨油为棕红色至棕褐色等。常见油脂的色泽见表3-7。

表 3-7 常见油脂的色泽

油 脂	色 泽	油 脂	色 泽
柏油	白色～灰色	花生油	淡黄色
木油	灰白色～黄色	蓖麻油	黄微绿色
硬化油（60℃）	白色	豆油	黄色
椰子油	白色	牛羊油	白色
漆蜡	灰白色～绿色	猪油	白色
棉籽油	黄色	骨油	黄色
菜籽油	黄绿色	蛹油	深黄色
米糠油	黄绿色	松香	深黄色
茶油	白色	皂用合成脂肪酸	灰白色

原料油脂的色泽会直接影响其产品的色泽。如制皂用的原料油脂一般需要脱色精制,因为用色泽较深的油脂生产的肥皂,其色泽也较深。无论是食用、皂用或其他工业用油脂,色泽是油脂质量指标中必不可少的项目。

二、色度测定的方法

色度测定的方法很多,主要有视觉鉴别法、铂-钴色度标准法和罗维朋比色计法等。

视觉鉴别法仅用于化工产品粗略的经验性的感官检验;铂-钴色度标准法适用于测定透明或稍带接近于参比的铂-钴色号的液体化工产品的颜色,这种颜色特征通常为"棕黄色",不适用于易碳化的物质的测定;罗维朋比色计法则常用于化妆品原料油脂及香料等化工产品的检验。

(一)视觉鉴别法

视觉鉴别法所用仪器为50mL烧杯,先将油脂采样后混合均匀并过滤,再将油样注入烧杯中，使油层高度不小于 50mm，在室温下先向着光线观察，再置于白色幕前，借反射光线观察。记录所得色泽，如柠檬色、淡黄色、黄色、橙黄色、棕黄色、棕色、棕褐色、灰白色、白色等。

（二）铂-钴色度标准法

1. 测定原理

用铂-钴色度标准溶液作为标准色，目测比较后确定试样相近的标准色，色度的单位以 Hazen 表示。1Hazen 是指每升溶液中含有 1mg 的以氯铂酸（H_2PtCl_6）形式存在的铂和 2mg 氯化钴（$CoCl_2 \cdot 6H_2O$）的铂-钴溶液的色度。铂-钴色度标准法示意如图 3-20 所示。

2. 标准铂-钴标准色列的配制

在 10 个 500mL 及 14 个 250mL 的两组容量瓶中，分别加入表 3-8 所示数量的标准比色母液，用水稀释到刻度。将标准比色母液和稀释溶液放入带塞棕色玻璃瓶中，置于暗处密封保存。标准比色母液可以保存 6 个月，稀释溶液可以保存 1 个月。

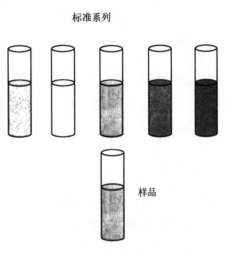

图 3-20 铂-钴色度标准法示意

表 3-8 标准铂-钴标准色列配制

500mL 容量瓶		250mL 容量瓶	
标准比色母液的体积 V/mL	相应颜色，Hazen 铂-钴色号	标准比色母液的体积 V/mL	相应颜色，Hazen 铂-钴色号
5	5	30	60
10	10	35	70
15	15	40	80
20	20	45	90
25	25	50	100
30	30	62.5	125
35	35	75	150
40	40	87.5	175
45	45	100	200
50	50	125	250
		150	300
		175	350
		200	400
		225	450

3. 样品色度的测定

向一支 50mL 或 100mL 比色管中注入一定量的样品,使之注满到刻线处;向另一支比色管中注入具有类似样品颜色的标准铂-钴对比溶液,同样注满到刻线处。比较样品与铂-钴对比溶液的颜色。比色时应在日光或日光灯照射下正对白色背景,从上往下观察(避免侧面观察)确定接近的颜色。

(三)罗维朋比色计法

罗维朋比色计法参照《动植物油脂　罗维朋色泽的测定》(GB/T 22460—2008)。

1. 测定原理

罗维朋比色计法是利用光线通过标准颜色的玻璃片及样品槽,用肉眼比出与样品色泽相近的玻璃片色号。试样为液体时可放在玻璃池中,用透射光检验;若为固体粉末则压成块状,用反射光检验。

2. 仪器

罗维朋比色计法通常采用罗维朋测色仪,其主要由比色槽(玻璃油槽)、反光计、奥司莱灯泡、标准颜色玻璃片、观察管组成,如图 3-21 所示。

玻璃片放在可开动的暗箱中供观察用。在检验油脂的色泽时,蓝玻璃片很少使用,主要是用红色和黄色两种。此两种玻璃片一般标有如下不同深浅颜色的号码,号码越大,颜色越深。

黄色:1.0,2.0,3.0,5.0,10.0,15.0,20.0,35.0,50.0,70.0;

图 3-21　罗维朋测色仪

红色:0.1,0.2,0.3,0.4,0.5,0.6,0.7,0.8,0.9,1.0,2.0,2.5,3.0,4.0,5.0,6.0,7.0,8.0,9.0,10.0,11.0,12.0,16.0,20.0。

所有玻璃片,每 9 片分装在一个标尺上,全部标尺同装于一个暗盒中,可以任意拉动标尺调整色泽。碳酸镁反光片将灯光反射入玻璃片和试样上,此片用久后会变色,可取下用小刀刮去一薄层后继续使用。

油槽用无色玻璃制成,有不同长度的数种规格,其长度必须非常准确,常用的是 133.35mm 和 25.4mm 两种,有时也用到 50.8mm 或其他长度的,可视试样色泽的深浅而定。在用 133.35mm 的油槽观察时,若红色标准超过 40 时,改用 25.4mm 油槽。在报告测定结果时,应注明所用槽长度尺寸。所有油槽厚度应一致。

3. 测定步骤

将澄清透明或经过滤的油脂样品注入适当长度的洁净油槽中，小心放入比色计内，切勿使手指印等污物黏附在油槽上。关闭活动盖，仅露出玻璃片的标尺及观察管。样品若是固态或在室温下呈不透明状态的液体，应在不超过熔点10℃的水浴上加热，使之熔化后再进行比色。

比色时，先将黄色玻璃片固定后再打开灯，然后依次配入不同号码的红色玻璃片进行比色，直至玻璃片的颜色和样品的颜色完全相同或相近为止。黄色玻璃片可参考使用红色玻璃片的深浅来决定。例如，棉籽油、花生油：红色在1.0~3.5，黄色可用10.0；红色在3.5以上，黄色可用70.0。牛油及脂肪酸：红色在1.0~3.5，黄色可用10.0；红色在3.5~5.0，黄色可用35.0；红色高于5.0，黄色可用70.0。豆油：红色在1.0~3.5，黄色可用10；红色高于3.5，黄色可用70.0。椰子油及棕榈油：红色在1.0~3.9，黄色可用6.0；红色高于3.9，黄色可用10.0。如果油脂带有绿色，用红、黄两种玻璃片不能将样品的颜色调配到一致时，可用蓝色玻璃片调整。

4. 测定结果的表达

测定结果以红、黄和蓝色玻璃片的总数表示，应注明使用的油槽长度。

5. 注意事项

① 配色时若色泽与样品不一致，可取最接近的稍深的色值。

② 配色时，使用的玻璃片数应尽可能少。如黄色35.0，不能以黄色15.0和黄色20.0的玻璃片配用。

③ 检测应在光线柔和的环境中进行，尤其是色度计不能面向窗口放置或受阳光直射。如果样品在室温下不完全是液体，可将样品进行加热，使其温度超过熔点10℃左右。玻璃比色皿必须保持洁净干燥，如有必要，测定前可预热玻璃比色皿，防止样品结晶。

④ 为避免眼睛疲劳，每观察比色30s后，操作者的眼睛必须移开目镜。

⑤ 操作者应有良好的颜色识别能力且不能佩戴有色或光敏的眼镜或隐形眼镜进行检测。

任务六 折射率的测定

一、折射率测定的意义

折射率（RI）是有机化合物的重要物理常数之一，作为液体化合物纯度的标志，它比沸点更可靠。通过测定溶液的折射率，还可定量分析溶液的浓度。

通常用阿贝折射仪测定液体有机物的折射率，可测定浅色、透明、折射率在 1.3000～1.7000 范围内的化合物。

本节参照《香料 折光指数的测定》(GB/T 14454.4—2008)。

二、折射率的定义

光在两个不同介质中的传播速度是不相同的。当光线从一个介质 A 进入另一个介质 B 时，如果它的传播方向与两个介质的界面不垂直时，则在界面处的传播方向发生改变。这种现象称为光的折射现象，如图 3-22 所示。

根据折射定律，波长一定的单色光线在确定的外界条件（如温度、压力等）下，从一个介质 A 进入另一个介质 B 时，入射角 α 和折射角 β（如图 3-22 所示）与两种介质的折射率 n_1（介质 A 的）与 n_2（介质 B 的）的关系按式（3-9）计算：

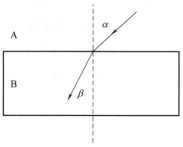

图 3-22　光的折射现象

$$\frac{n_2}{n_1} = \frac{\sin\alpha}{\sin\beta} \tag{3-9}$$

若介质 A 是真空，则 $n_1 = 1$，于是得出式（3-10）：

$$n = \frac{\sin\alpha}{\sin\beta} \tag{3-10}$$

所以一个介质的折射率，是光线从真空进入这个介质时的入射角和折射角的正弦之比。这种折光指数称为该介质的绝对折射率，通常测定的折射率，都是以空气作为比较的标准。

物质的折射率与它的结构和光线波长有关，而且也受温度、压力等因素的影响。折射率常用 n_D^t 表示，其中 D 是以钠灯的 D 线（589.3mm）作光源，t 是与折射率相对应的温度。由于通常大气压的变化对折射率的影响不显著，所以只在很精密的工作中才考虑压力的影响。

如果介质 A 对于介质 B 是疏物质，即 $n_1 < n_2$ 时，折射角 β 必小于入射角 α；当入射角 α 为 90° 时，$\sin\alpha = 1$，这时折射角达到最大值，称为临界角，用 β_0 表示。很明显，在一定波长与一定条件下，β_0 也是一个常数，它与折光指数的关系按式（3-11）计算：

$$n = 1/\sin\beta_0 \tag{3-11}$$

可见通过测定临界角 β_0，就可以得到折射率，这就是通常所用阿贝折射仪的基本光学原理。

三、阿贝折射仪的构造与使用方法

测定各种物质折射率的仪器叫折射仪，其原理是利用测定临界角以求得样品溶液的折射率。仪器的操作步骤为：仪器的安装、加样、对光、粗调、消色散、精调、读数、仪器校正。
在折射仪中使用最普遍的是阿贝折射仪，单目、双目阿贝折射仪的结构及外形分别如图3-23
和图3-24所示，单目阿贝折射仪实物图如图3-25所示。

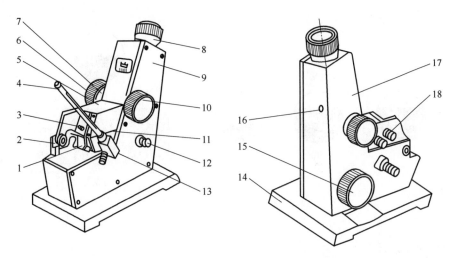

1—反射镜；2—转轴；3—遮光板；4—温度计；5—进光棱镜座；6—色散调节手轮；7—色散值刻度圈；
8—目镜；9—盖板；10—手轮；11—折射棱镜座；12—照明刻度盘聚光镜；13—温度计座；
14—底座；15—刻度调节手轮；16—小孔；17—壳体；18—恒温器接头。

图3-23 单目阿贝折射仪的结构及外形

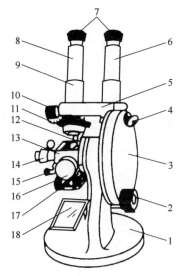

1—底座；2—棱镜调节旋钮；3—圆盘组（内有刻度板）；
4—小反光镜；5—支架；6—读数镜筒；7—目镜；
8—观察镜筒；9—分界线调节螺丝；10—消色调
节旋钮；11—色散刻度尺；12—棱镜锁紧扳手；
13—棱镜组；14—温度计插座；15—恒温器
接头；16—保护罩；17—主轴；18—反光镜。

图3-24 双目阿贝折射仪的结构及外形

图3-25 单目阿贝折射仪实物图

四、读数

消色散，调节至视野中出现明显的黑白分界线，并使分界线经过交叉点时方可读数，如图 3-26 所示。

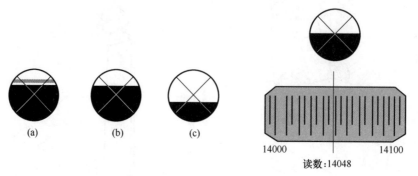

图 3-26　阿贝折射仪读数示意图

五、折射仪的校准

通过测定标准物质的折射率来校准折射仪，有些仪器可按制造商提供的指南直接用玻璃片调节。用于校正折射仪的标准物质见表 3-9。

表 3-9　　　　　　　　　　　校正折射仪的标准物质在 20℃ 时的折射率

标准物质	折射率	标准物质	折射率
蒸馏水	1.3330	苯甲酸苄酯	1.5685
对异丙基甲苯	1.4906	1-溴萘	1.6585

六、注意事项

① 折射率通常规定在 20℃ 时测定，如果测定温度不是 20℃，而是室温，应进行温度校正。

② 折射仪不宜暴露在强烈阳光下；不用时应放回原配木箱内，置阴凉处。

③ 使用时一定要注意保护棱镜组，绝对禁止与玻璃管尖端等硬物相碰；擦拭时必须用镜头纸轻轻擦拭。

④ 不得测定有腐蚀性的液体样品。

任务七　旋光度的测定

一、旋光度的定义

旋光性是指手性物质使平面偏振光的振动平面旋转一定角度的性质，这个旋转角度称为旋光度。当有机化合物分子中含有不对称碳原子时，就表现出旋光性，例如蔗糖、葡萄糖等，具有旋光性的有机物多达几万种。使偏振光振动向左旋转的为左旋性物质，使偏振光振动向右旋转的为右旋性物质。

《香料 旋光度的测定》（GB/T 14454.5—2008）中香料旋光度的定义：在规定的温度条件下，波长为 589.3nm±0.3nm（相当于钠光谱 D 线）的偏振光穿过厚度为 100mm 的香料时，偏振光振动平面发生旋转的角度，用毫弧度或角的度数来表示。若在不同厚度进行测定时，其旋光度应换算为 100mm 厚度的值。

二、旋光仪的构造及测定原理

通常采用旋光仪测定旋光度，旋光仪结构示意图如图 3-27 所示。普通旋光仪由两个尼科尔棱镜构成，第一个用于产生偏振光（如图 3-28 所示），称为起偏器；第二个用于检验偏振光振动平面被旋光质旋转的角度，称为检偏器。当偏振光振动平面与检偏器光轴平行时，则偏振光通过检偏器（如图 3-29 左图所示），视野明亮；当偏振光振动平面与检偏器光轴互相垂直时，偏振光不通过检偏器（如图 3-29 右图所示），则视野黑暗。若在光路上放入旋光质，则偏振光振动平面被旋光质旋转了一个角度，与检偏器光轴互成一定角度，结果视野变暗。若把检偏器旋转一角度使视野复明，则所旋角度即为旋光质的旋光度。

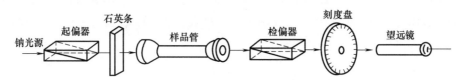

图 3-27 旋光仪结构示意图

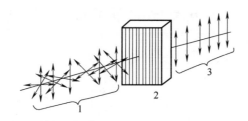

1—混合光；2—起偏器；3—偏振光。
图 3-28 产生偏振光示意图

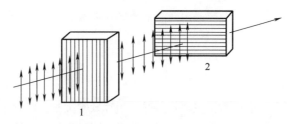

1—偏振光通过检偏器；2—偏振光不通过检偏器。
图 3-29 偏振光通过或不通过检偏器示意图

如图 3-30 所示为 WXG-4 型旋光仪。

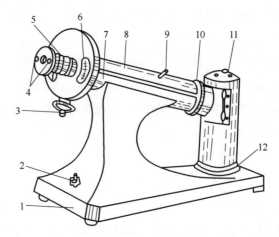

1—底座；2—电源开关；3—度盘转动手轮；4—读数放大镜；5—调焦手轮；6—度盘及游标；

7—镜筒；8—镜筒盖；9—镜盖手柄；10—镜盖连接图；11—灯罩；12—灯座。

图 3-30　WXG-4 型旋光仪

三、旋光度的表示

旋光度的大小除与物质的结构有关外，还与待测液的浓度、样品管的长度、测定时的温度、光源波长以及溶剂的性质有关。通常用比旋光度表示物质的旋光度，按式（3-12）计算：

$$[\alpha]_D^{20} = \frac{A}{lc} \times 100 \qquad\qquad (3-12)$$

式中　20——试验时温度为 20℃；

　　　D——用钠灯光源 D 线的波长；

　　　A——测得的旋光度，取三次测定的偏转角读数的平均值，毫弧度和/或角的度数；

　　　l——旋光管长度，mm；

　　　c——试样浓度，g/mL。

四、测定步骤

1. 配制样品溶液

按产品标准的规定取样并配制样品溶液。溶液必须澄清、透明，否则应过滤。液体样品可直接进行测定。

2. 装填旋光管

将干燥清洁的旋光管一端用光学玻璃片盖好，用螺旋帽旋紧。将管子直立，再用被检液体充满至液面凸出管口，再用另一光学玻璃片紧贴管口平行推进，削平液面，盖严管口，用螺旋帽旋紧。

3. 校准仪器

按仪器说明书的规定调整旋光仪，待仪器稳定后，将装满蒸馏水或纯溶剂的旋光管置于旋光仪中，若目镜视场中如图3-31（a）、（b）所示，表明检偏镜未达到或超过了零点位置。转动检偏镜，直至出现如图3-31（c）所示的明暗全等的情况。检查标尺盘与游标尺上的零点是否重合。如重合，表明零点准确；如不重合，则记下读数值，以便修正测定结果。

4. 测定

按步骤3相同操作，将装满样品的旋光管置于旋光仪中，转动检偏镜，直至出现如图3-31（c）所示的明暗全等的情况，读取偏转角度。经校正后，即为实测的旋光度，读数示意如图3-32所示。

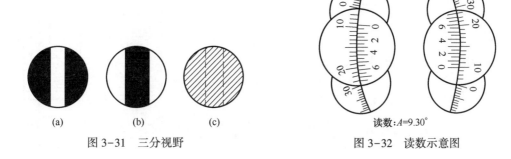

图3-31　三分视野　　　　　　　　图3-32　读数示意图

五、注意事项

① 物质的旋光度与入射光波长和温度有关。通常用钠光谱 D 线（$\lambda = 589.3$nm、黄色）为光源。以 $t = 20$℃或25℃时的测定值表示。

② 将样品液体或校正用液体装入旋光管时要仔细小心，切勿产生气泡。

③ 校正仪器或测定样品时，调整检偏镜、检查亮度、记取读数的操作，一般都需要重复多次，取平均值，经校正后作为结果。

④ 光学活性物质的旋光度不仅大小不同，旋转方向有时也不同。所以，记录测得的旋光度 A 时要标明旋光方向，顺时针转动检偏镜时称为右旋，记作"+"或"R"；反之称为左旋，记作"−"或"L"。

任务八　电导率的测定

电导率是溶液的一种重要的物理常数，通过测定溶液的电导率，可以鉴定溶液的浓度大小或水的纯度。

本节参照《电导率仪试验方法》（GB/T 11007—2008），同时参考《电导率仪的试验溶液　氯化钠溶液制备方法》（GB/T 27503—2011），《分析实验室用水规格和试验方法》（GB/T 6682—2008）及《锅炉用水和冷却水分析方法电导率的测定》（GB/T 6908—2018）。

一、测定原理

电解质溶液的导电能力通常用电导（G）来表示。电导是电阻的倒数，即：$G = 1/R$，单位是西门子（S）。

如图 3-33 所示为复合电极与待测液组成的电解池，根据欧姆定律，电解质溶液的电阻 R 与测量电极之间的距离 l 成正比，与两个电极的正对截面积 A 成反比，按式（3-13）计算：

$$R = \rho \frac{l}{A} \tag{3-13}$$

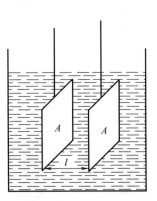

图 3-33　复合电极与待测液组成的电解池

式中　ρ——电阻率。

上式如用电导表示，则得出式（3-14）：

$$G = \frac{1}{R} = \frac{1}{\rho} \cdot \frac{A}{l} = \kappa \frac{A}{l} \tag{3-14}$$

定义 $\frac{1}{\rho} = \kappa$，κ 称为电导率。则 $\kappa = \frac{1}{\rho} = G \frac{l}{A} = \frac{1}{R} \cdot \frac{l}{A}$。$\kappa$ 的单位为 S/m，实际中常用其分数单位 mS/cm 或 μS/cm。

对于某一给定的复合电极而言，l/A 是一定值，称为电极常数，也叫电导池常数。因此，可用电导率的数值表示溶液导电能力的大小。

对于电解质溶液，电导率是指相距 1cm 的两平行电极间充以 1cm³ 溶液所具有的电导。电导率与溶液中的离子含量大致成比例地变化。因此测定电导率，可间接地推测离解物质的总浓度。化妆品生产需要使用纯净的去离子水，水的电导率反映了水中电解质杂质的总含量。因此测水的电导率即可知其纯度。

新蒸馏水电导率为 0.05～0.2mS/m，存放一段时间后，由于空气中的二氧化碳或氨的溶入，电导率可上升至 0.2～0.4mS/m；饮用水电导率在 5～150mS/m；海水电导率大约为 3000mS/m；清洁河水电导率为 10mS/m。电导率随温度变化而变化，温度每升高 1℃，电导率增加约 2%，通常规定 25℃ 为测定电导率的标准温度。

二、仪器装置

电导率仪也叫电导仪，主要由复合电极和电计部分组成。电导率仪中所用的复合电极称为电导电极。实验室中常用的电导率仪型号及规格见表 3-10。

表 3-10　　　　　　　　　　　　　常用电导率仪型号及规格

仪器型号	测量范围／（μS／cm）	电极常数／（cm^{-1}）	温度补偿范围／℃	备　注
DDS-11C	$0 \sim 10^5$	—	$15 \sim 35$	指针读数，手动补偿
DDS-11D	$0 \sim 10^5$	0.01, 0.1, 1 及 10 四种	$15 \sim 35$	指针读数
DDS-304	$0 \sim 10^5$	0.01, 0.1, 1 及 10 四种	$10 \sim 40$	指针读数，线性化交直流两用
DDS-307	$0 \sim 2 \times 10^4$	—	$15 \sim 35$	数字显示，手动补偿
DDSJ-308A	$0 \sim 2 \times 10^5$	—	$0 \sim 50$	数字显示，手动补偿，结果可保存、删除、打印、断电保护
MC 126	$0 \sim 2 \times 10^5$	—	$0 \sim 40$	便携式，防水，防尘
MP 226	$0 \sim 2 \times 10^5$	—	—	自动量程，终点判别，串行输出

图 3-34 所示为 DDS-307 电导率仪。

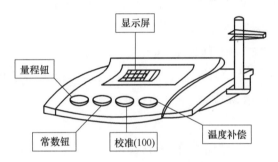

图 3-34　DDS-307 电导率仪

电导电极的选择，则应依据待测溶液的电导率范围和测量量程而定，见表 3-11。

表 3-11　　　　　　　　　　　不同量程溶液选用电极一览表

量程	电导率／（μS／cm）	电极常数／（cm^{-1}）	配用电极
1	0~0.1	0.01	
2	0~0.3	0.01	
3	0~1	0.01	
4	0~3	0.01	双圆筒钛合金电极
5	0~10	0.01	
6	0~30	0.01	
7	0~100	0.01	
8	0~10	1	
9	0~30	1	
10	0~100	1	
11	0~300	1	DJS-1C 型光亮电极
12	0~1000	1	
13	0~3000	1	
14	0~10000	1	

续表

量程	电导率/（μS/cm）	电极常数/（cm⁻¹）	配用电极
15	0~100	10	
16	0~300	10	
17	0~1000	10	
18	0~3000	10	DJS-10C 型铂黑电极
19	0~10000	10	
20	0~30000	10	
21	0~100000	10	

三、测定步骤

（1）测前准备

认真阅读说明书，调试、校正电导率仪后再进行测定。

（2）选择合适的电极和量程

① 若测定一级、二级水的电导率，选用电极常数为（0.01~0.1）cm⁻¹ 的电极，调节温度补偿至 25℃，使测量时水温控制在（25±1）℃。

② 若进行三级水的测定，则可取水样 400mL 于锥形瓶中，插入电极进行测定。

③ 若测定一般天然水、水溶液的电导率，则应先选择较大的量程档，然后逐档降低，测得近似电导率范围后，再选配相应的电极，进行精确测定。

（3）测后处理

测量完毕，取出电极，用蒸馏水洗干净后放回电极盒内，切断电源，擦干净仪器，放回仪器箱中。

任务九　水分的测定

水分是化工产品分析的重要项目之一。化工产品中的水分，以吸附水和化合水两种状态存在。

吸附水分为内在水和外在水。附着在物质表面的水称外在水，较易蒸发，一般在常温下通风干燥一定时间即可除去；吸附在物质内部毛细孔中的水称内在水，较难蒸发，必须在比水的沸点高的温度（如 102~105℃）下干燥一定时间才能除去。

化合水包括结晶水和结构水。结晶水以 H_2O 分子状态结合于物质的晶格中，但其稳定性较差，当加热至 300℃ 时即可以分解逸出；结构水则以化合状态的氢氧基存在于物质的晶格中，结合得十分牢固，必须在 300~1000℃ 的高温下才能分解逸出。

化工产品中水分的测定，通常有干燥法（干燥减量法、电热板法、红外线干燥法）、卡尔·费休法和蒸馏法等。其中干燥法测定的是水分和挥发物的总和，而卡尔·费休法和蒸馏法测定的结果是水的真实含量，其中不含挥发物。

本节参照《油料 水分及挥发物含量测定》（GB/T 14489.1—2008）、《化工产品中水分测定的通用方法 干燥减量法》（GB/T 6284—2006）、《化工产品中水分含量的测定 卡尔·费休法 （通用方法）》（GB/T 6283—2008） 等。

一、干燥减量法

干燥减量法是测定固体化工产品中吸附水含量的通用方法，适用于稳定性好的无机化工产品、化学试剂、化肥等产品中水分含量的测定。

1. 测定原理

在一定的温度下，将试样烘干至恒重，然后测定试样减少的质量。

2. 仪器

① 带盖的称量瓶。

② 烘箱。灵敏度能控制在105℃，精度±1℃，装有温度计，温度计插入烘箱的深度应使水银球与待测定试样在同一水平面上。

③ 干燥器。内装适当的干燥剂（如硅胶、五氧化二磷等）。

3. 测定步骤

（1）试样称取

称取充分混匀、具有代表性的试样，操作中应避免试样中水分的损失或从空气中吸收水分。根据被测试样中水分的含量来确定试样的质量（g），参见表3-12。称取一定的试样（称准至0.0001g），置于预先在（105±2）℃下干燥至恒重的称量瓶中。

表 3-12   被测试样用量

水分含量 w / %	试样量 m / g	水分含量 w / %	试样量 m / g
0.01~0.1	不少于10	1.0~10	5~1
0.1~1.0	10~5	>10	1

（2）测定

将盛有试样的称量瓶的盖子稍微打开，置于（105±2）℃的烘箱中，称量瓶应放在温度计水银球的周围。烘干2~4h之后，将瓶盖盖严，取出称量瓶，置于干燥器内，冷却至室温（不少于30min），称量。再烘干1h，按上述操作，取出称量瓶，冷却相同时间，称量，直至恒重（所谓恒重即两次连续操作其结果之差不大于0.0002g）。取最后一次测量值作为测定结果。

4. 测定结果的表达

用质量分数 $w(H_2O)$ 表示的水分（含挥发物）含量数值以%表示，按式（3-15）计算：

$$w(H_2O) = \frac{m_1 - m_2}{m_1 - m_0} \times 100 \tag{3-15}$$

式中　m_0——称样瓶的质量的数值，g；

　　　m_1——称量瓶及试样在干燥前的质量，g；

　　　m_2——称量瓶及试样在干燥后的质量，g。

二、电热板法

1. 测定原理

电热板法测定水分是基于试样沸点高于水的沸点，其方法是在电热板上加热油脂，控制温度在（130±2）℃，试样中的水分和挥发分同时逸去，冷却后称其质量，前后之差即是水分和挥发分的质量。因此该法测定的是水分和挥发分的总量。

该法测定速度快，在生产上特别适用，一般含水量较高的样品较为适用。

2. 仪器

① 蒸发皿。蒸发皿直径为 6~8cm，深度为 2~4cm。
② 温度计。温度计刻度范围为 150℃。
③ 电热板。

3. 测定步骤

预先称出干燥洁净的蒸发皿和温度计的总质量，再称 10.00~20.00g 的油脂样品，置于电热板上。不断搅拌油脂，直到温度升至 120℃时，小心控制勿超过 130℃，并注意切勿让水蒸发过猛使油脂溅出。加热到油中无气泡为止，冷却称量。

4. 结果计算

样品中水分（含挥发物）的质量分数 $w(H_2O)$ 数值以%表示，按式（3-16）计算：

$$w(H_2O) = \frac{m_1 - m_2}{m_1 - m_0} \times 100 \tag{3-16}$$

式中　m_1——样品、蒸发皿及温度计加热前的总质量，g；

　　　m_2——样品、蒸发皿及温度计加热后的总质量，g；

　　　m_0——蒸发皿和温度计的质量，g。

三、红外线干燥法

1. 测定原理

红外线干燥法是一种快速测定水分的方法，它以红外线发热管为热源，通过红外线的辐射热和直接热加热样品，高效迅速地使水分蒸发，根据干燥前后样品的质量差可以得出其水分含量。与采用热传导和对流方式的普通烘箱相比，热渗透至样品中蒸发水分所需的干燥时间缩短至 $10\sim25min$。但比较起来，其精密度较差，可作为简易法用于测定 $2\sim3$ 份样品的大致水分，或快速检验在一定允许偏差范围内的样品水分含量。

2. 测定方法

目前有很多型号的红外线测定仪，但基本上都是先规定测定条件后再使用，即要使得测定方法与标准法相同，仪器需要进行校正。在操作时，要控制红外线加热的距离，开始时灯管要低，然后升高；调节电压则开始时应较高，后来再降低。这样既能防止样品分解，又能缩短干燥时间。此外还要考虑样品的厚度等因素，如黏性、糊状样品要放在铝箔上摊平，还要注意样品不能有燃烧和出现表面结成硬皮的现象。随着电脑技术的发展，红外线水分测定仪的性能得到了很大的提高，在测定精度、速度、操作简易性、数字显示等方面都表现出优越的性能。如图 3-35 所示为简易红外线水分测定仪结构及实物图。

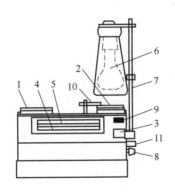

1—砝码盘；2—试样皿；3—平衡指针；4—水分指针；5—水分刻度；6—红外线灯管；7—灯管支架；
8—调节水分指针的旋钮；9—平衡刻度盘；10—温度计；11—调节温度的旋钮。

图 3-35　简易红外线水分测定仪结构及实物图

四、卡尔·费休法

卡尔·费休法是一种非水溶液氧化还原滴定测定水分的化学分析法，是一种迅速而又准确的水分测定法，被广泛应用于多种化工产品的水分测定。

1. 测定原理

存在于样品中的任何水分（吸附水或结晶水）与已知滴定度的卡尔·费休试剂（碘、二氧化硫、吡啶和甲醇组成的溶液）进行定量反应，反应式为：

$$H_2O+I_2+SO_2+3C_5H_5N \longrightarrow 2C_5H_5N \cdot HI+C_5H_5N \cdot SO_3$$
$$C_5H_5N \cdot SO_3+CH_3OH \longrightarrow C_5H_5N \cdot HSO_4CH_3$$

以合适的溶剂溶解样品（或萃取出样品的水），用卡尔·费休试剂滴定，即可测出样品中的水的含量。

滴定终点用"永停"法或目测法确定。

无色的样品可用目测法确定终点。滴定至终点时，因有过量碘存在，溶液由黄色变为棕黄色。

永停滴定法原理：在浸入溶液中的两铂电极间加一电压，若溶液中有水存在，则阴极极化，两电极之间无电流通过。滴定至终点时，溶液中同时有可逆电对碘及碘化物存在（可逆电对工作原理如图3-36所示），阴极去极化，溶液导电，电流突然增加至一最大值并稳定1min以上，此时即为终点。滴定曲线如图3-37所示。

阳端的铂电极上：

$$2I^- \Longleftrightarrow I_2+2e$$

阴端的铂电极上：

$$I_2+2e \Longleftrightarrow 2I^-$$

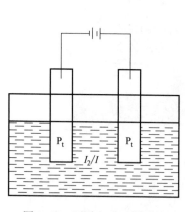

图3-36 可逆电对工作原理

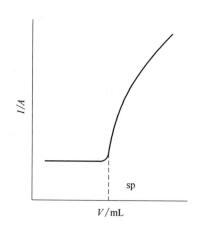

图3-37 滴定曲线

2. 测定装置

卡尔·费休水分测定仪如图3-38所示，全自动卡尔·费休水分测定仪实物图如图3-39所示。

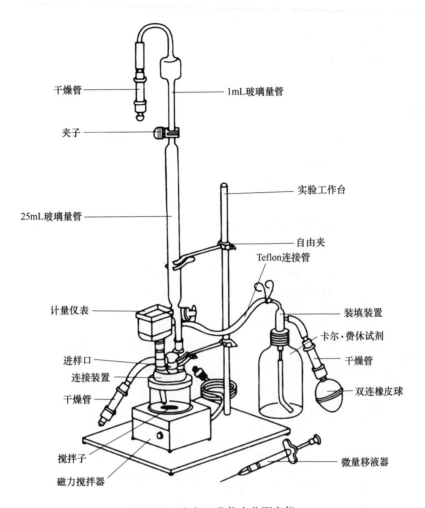

干燥管

1mL玻璃量管

夹子

实验工作台

25mL玻璃量管

自由夹

Teflon连接管

计量仪表

装填装置

卡尔·费休试剂

进样口

连接装置

干燥管

干燥管

双连橡皮球

搅拌子

微量移液器

磁力搅拌器

图 3-38 卡尔·费休水分测定仪

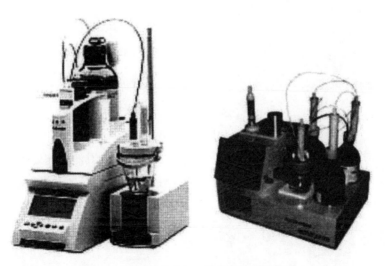

图 3-39 全自动卡尔·费休测定仪实物图

3. 测定步骤

（1）卡尔·费休试剂的标定

在反应瓶中加入一定体积（浸没铂电极）的甲醇，在搅拌下用卡尔·费休试剂滴定至终点。加 5mL 甲醇，滴定至终点并记录卡尔·费休试剂滴定的用量（V_1），此为水标准溶液的溶剂空白。加 5mL 水标准溶液，滴定至终点并记录卡尔·费休试剂的用量（V_2）。卡尔·费休试剂的滴定度按式（3-17）计算：

$$T = \frac{m}{V_1 - V_2} \tag{3-17}$$

式中　T——卡尔·费休试剂的滴定度，g/mL；

　　　m——加入水标准溶液中水的质量，g；

　　　V_1——滴定溶剂空白时消耗卡尔·费休试剂的体积，mL；

　　　V_2——滴定标准溶液时消耗卡尔·费休试剂的体积，mL。

（2）样品中水分的测定

在反应瓶中加一定体积（浸没铂电极）的甲醇或产品标准中所规定的样品溶剂，在搅拌下用卡尔·费休试剂滴定至终点。迅速加入产品标准中规定数量的样品，滴定至终点并记录卡尔·费休试剂滴定的用量（V_1）。样品中水的质量分数 $w(H_2O)$ 以质量分数表示，按式（3-18）或式（3-19）计算：

$$w(H_2O) = \frac{V_1 \times T}{m} \tag{3-18}$$

$$w(H_2O) = \frac{V_1 \times T}{V_2 \times \rho} \tag{3-19}$$

式中　V_1——滴定样品时消耗卡尔·费休试剂的体积，mL；

　　　T——卡尔·费休试剂的滴定度，g/mL；

　　　m——加入样品的质量，g；

　　　V_2——加入液体样品的体积，mL；

　　　ρ——液体样品的密度，g/mL。

五、共沸蒸馏法

蒸馏法采用了一种有效热交换方式，水分可被迅速移去。其测定速度较快、设备简单经济、管理方便、准确度能满足常规分析的要求，一般含水量低的样品宜选用蒸馏法。蒸馏法有多种形式，其中应用最广的是共沸蒸馏法。

1. 测定原理

化工产品中的水分与甲苯或二甲苯共同蒸出，收集馏出液于接收管内，读取水分的体积，即可计算产品中的水分。

2. 试剂

蒸馏法采用的试剂为甲苯或二甲苯。取甲苯或二甲苯，先以水饱和后，分去水层，然后进行蒸馏，收集馏出液备用。

3. 装置

水分蒸馏测定器装置如图 3-40 所示。

4. 操作步骤

称取适量样品（估计含水 2~5mL）放入 250mL 锥形瓶中，加入新蒸馏的甲苯（或二甲苯）75mL，连接冷凝管与水分接收管，从冷凝管顶端注入甲苯，装满水分接收管。

加热慢慢蒸馏，使每秒钟得馏出液两滴，待大部分水分蒸出后，加速蒸馏约每秒钟得馏出液四滴，当水分全部蒸出后，接收管内的水分体积不再增加时，从冷凝管顶端加入甲苯冲洗。如冷凝管壁附有水滴，可用附有小橡皮头的铜丝擦下，再蒸馏片刻至接收管上部分及冷凝管壁无水滴附着为止，读取接收管水层的容积。

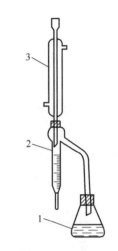

1—250mL 锥形瓶；2—水分接收管，有刻度；3—冷凝管。

图 3-40　水分蒸馏测定器

5. 结果计算

样品中水分的含量 $w(H_2O)$ 数值以%表示，按式（3-20）计算：

$$w(H_2O) = V \frac{100}{m} \tag{3-20}$$

式中　V——接收管内水的体积，mL；

　　　m——样品的质量，g。

6. 注意事项

① 选用的溶剂必须与水不互溶，20℃时相对密度小于 1，不与样品发生化学反应，水和溶剂混合的共沸点要分别低于水和溶剂的沸点，如苯的沸点为 80.4℃，纯水沸点为 100℃，而苯与水混合溶液共沸点为 69.13℃。

② 仪器必须清洁而干燥，安装要求不漏气。

③ 用标样做对照试验。

任务十　**浊度的测定**

一、浊度的概念

由于水中含有悬浮及胶体状态的微粒，使得原来无色透明的水产生浑浊现象，其浑浊的程度称为浑浊度，简称浊度。浊度是一种光学效应，是光线透过水层时受到阻碍的程度，表示水层对于光线散射和吸收的能力。它不仅与悬浮物的含量有关，而且还与水中杂质的成分、颗粒大小、形状及其表面的反射性能有关。化妆品中的香水和花露水主要以达到某一规定温度时是否产生浑浊作为浊度的衡量标准。

本节参照《化妆品通用检验方法　浊度的测定》（GB/T 13531.3—1995）。

二、测定仪器

恒温水浴：温度控制在（20.0±0.1）℃。

① 温度计。分度值为0.2℃。

② 玻璃量筒。容量为250~500mL。

③ 玻璃试管。直径2cm，长13cm；直径3cm，长15cm。也可使用磨口凝固点测定管。

④ 烧杯。容量为800mL。

三、测定装置

浊度测定试验装置如图3-41所示。

四、测定步骤

① 在800mL烧杯中放入冰块或冰水，或其他低于测定温度5℃的适当的冷冻剂。

② 取试样一份，倒入预先烘干的 ϕ2cm×13cm的玻璃试管中，样品高度为试管长度的1/3。

③ 用串联温度计的塞子塞紧试管口，使温度计的水银球位于样品中间部分。试管外部套上另一支 ϕ3cm×15cm的试管，使装有样品的试管位于套管的中间，注意不使两支试管的底部相触。

④ 将试管置于加了冷冻剂的烧杯中冷却，使试样温度逐

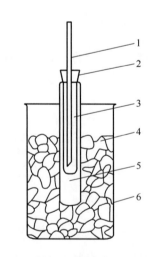

1—温度计；2—软木塞；3—试管；
4—冰块；5—外套试管；6—烧杯。

图3-41　浊度测定试验装置

步下降，每下降2℃观察一次，当到达规定温度时立即观察试样是否清晰。若试样仍与原样的清晰程度相等，则该试样在规定温度下的浊度检验结果为清晰，不混浊。

⑤ 重复测定一次，两次结果应一致。

思 考 题

1. 常见的通用物理常数有哪些？检测通用物理常数有何意义？
2. 化妆品原料及产品相对密度常用的测定方法有哪些？各有什么特点？
3. 测定熔点的方法有哪些？
4. 凝固点测定的原理是什么？
5. 旋转黏度计工作原理是什么？
6. 常见色度的测定方法有哪些？
7. 阿贝折射仪测折射率的基本步骤有哪些？
8. 旋光仪测旋光度的基本步骤有哪些？
9. 测量电导率的意义是什么？
10. pH 的定义和测量 pH 常见方法有哪些？
11. 水分的测定常用的方法有哪些？
12. 卡尔·费休法测定水分的原理是什么？
13. 浊度的概念及意义是什么？

项目四

通用化学参数的检测

化妆品原料特别是油脂中有一些常见的化学参数，如酸值、皂化值、碘值、不皂化物、总脂肪物以及氧化脂肪酸等，这些参数有些是某一种原料独有的，有些是多种原料共有的，在此进行统一介绍。

任务一 **酸值和酸度的测定**

酸值是油脂品质的重要指标之一，是油脂中游离脂肪酸多少的度量。

油脂中一般都含有游离脂肪酸，其含量多少和油源的品质、提炼方法、水分及杂质含量、储存的条件及时间等因素有关。水分杂质含量高，储存和提炼温度高、时间长，都能导致游离脂肪酸含量增高，促进油脂的水解和氧化等化学反应。

酸值是指中和1g样品所需氢氧化钾的质量，单位为 mg/g。酸度是上述测定值用质量分数表示，一般可由酸值推导出来，不需要单独测定。

本节参照《香料　酸值或含酸量的测定》(GB/T 14455.5—2008)、《动植物油脂　酸值和酸度测定　自动滴定分析仪法》(LS/T 6107—2012)，同时参照《化妆品通用试验方法　滴定分析（容量分析）用标准溶液的制备》(QB/T 2470—2000)。

一、氢氧化钾水溶液法

氢氧化钾水溶液法适用于油脂、蜡、羊毛醇、脂肪醇、脂肪酸、香料等试样中酸值的测定。

1. 试剂与仪器

（1）试剂

① 中性乙醇。于 500mL 95%（体积分数）乙醇中加 6~8 滴酚酞，用 $c=0.5\text{mol/L}$ 氢氧化钾溶液滴至刚显红色，再以 $c=0.1\text{mol/L}$ 的盐酸滴至红色刚褪去为止。

② 氢氧化钾标准溶液。$c(\text{KOH})=0.5\text{mol/L}$。

③ 酚酞指示剂。$\phi(\text{酚酞})=1\%$ 的乙醇溶液。

（2）仪器

① 碱式滴定管。容量为 50mL。

② 锥形瓶。容量为 150mL。

③ 分析天平。

2. 测定步骤

（1）称样

根据样品的颜色和估计的酸值，按表 4-1 所示进行称样，装入锥形瓶中。

（2）滴定

将含有 0.5mL 酚酞指示剂的 50mL 无水乙醇溶液置入锥形瓶中，水浴加热至沸腾并充分搅拌。当乙醇的温度高于 70℃时，迅速以氢氧化钾标准溶液滴定至呈现粉红色，并保持溶液 15s 不褪色，即为终点。

表 4-1   试样称量表

估计的酸值／（mg／g）	试样质量／g	试样称重的精确度／g
<1	20	0.05
1~4	10	0.02
4~15	2.5	0.01
15~75	0.5	0.001
>75	0.1	0.0002

如果油脂酸败严重，耗用氢氧化钾超过 15mL 时，溶液体积增大，相应的乙醇量降低，有肥皂析出，应补加乙醇和指示剂。补加的量，按氢氧化钾溶液每超过 5mL 补加中性乙醇 20mL 计。乙醇不仅能防止肥皂水解，还能保证肥皂在反应介质中溶解，否则反应将在非均相系统中进行，中和脂肪酸困难，观察终点也不准确。

3. 结果计算

（1）酸值 S

酸值测定结果按式（4-1）计算：

$$S = \frac{cVM(\text{KOH})}{m} \tag{4-1}$$

式中 S——酸值，mg/g；

　　　c——氢氧化钾标准溶液的实际浓度，mol/L；

　　　V——滴定消耗的体积，mL；

　　　m——样品的质量，g；

$M(\text{KOH})$——氢氧化钾的摩尔质量，56.1g/mol。

（2）酸度 A

根据脂肪酸的类型，酸度 A 以质量分数显示，数值以%计，按式（4-2）计算：

$$A = \frac{cVM}{10m} \tag{4-2}$$

式中 M——脂肪酸的摩尔质量，g/mol；

　　　c——氢氧化钾标准溶液的实际浓度，mol/L；

　　　V——滴定消耗的体积，mL；

　　　m——样品的质量，g。

表示酸度的脂肪酸类型见表 4-2。

表 4-2 表示酸度的脂肪酸类型

油脂的类型	表示的脂肪酸	
	名称	摩尔质量/（g/mol）
椰子油、棕榈仁油及类似的油	月桂酸	200
棕榈油	棕榈酸	256
从某些十字花科植物得到的油	芥酸	338
所有其他油脂	油酸	282

注：1. 当样品含有矿物酸时，通常按脂肪酸测定。

　　2. 如果结果仅以"酸度"表示，没有进一步说明，通常为油酸。

　　3. 芥酸含量低于 5% 的菜籽油，酸度仍用油酸表示。

4. 注意事项

① 若油脂颜色较深，可改用 $\rho = 7.5 \text{g/L}$ 碱性蓝 6B 乙醇溶液代替酚酞作指示剂。该试剂在酸性介质中显蓝色；在碱性介质中显红色。如果油脂本身带红色，宜用 $\rho = 10 \text{g/L}$ 百里酚酞乙醇溶液作指示剂；颜色深的油脂，应先在分液漏斗中用乙醇提取游离脂肪酸，与杂质色素分离后，再以碱性蓝作指示剂，滴定抽出的脂肪酸。此外，若测定的油脂颜色深而且酸值又高，可以加 $\rho = 100 \text{g/L}$ 的中性氯化钡溶液，用酚酞作指示剂，以氢氧化钾标准溶液滴定，待溶液澄清时观察水相的颜色以确定终点。其目的是以生成的白色钡盐沉淀作底衬提高对颜色的灵敏度。油脂颜色深时，酸值用电位法测定为佳。

② 滴定终点的确定。滴定到溶液显红色后保持不褪色的时间，必须严格控制在 15s 以内。如时间过长，稍过量的碱将使中性油脂皂化而红色褪去，从而多消耗碱。

③ 两次平行测定结果允许误差不大于 0.5。

二、氢氧化钾乙醇溶液法

氢氧化钾乙醇溶液法适用于脂肪酸类和山嵛醇。其测定原理、测定步骤、结果计算、注意事项等，与氢氧化钾水溶液法区别不大。主要的区别就是用 0.1mol/L 氢氧化钾的乙醇标准溶液代替 0.2mol/L 氢氧化钾标准溶液进行中和滴定试验。用乙醇溶液代替水溶液的目的就是为了提高肥皂的溶解度，避免滴定过程中肥皂析出。另外，称样量为 0.5g 左右。

任务二 皂化值的测定

油脂皂化值的定义是：在规定条件下皂化 1g 油脂所需氢氧化钾的质量，单位为 mg/g。

可皂化物一般含游离脂肪酸及脂肪酸甘油酯等。皂化值的大小与油脂中所含甘油酯的化学成分有关，一般油脂的相对分子质量和皂化值的关系是：甘油酯相对分子质量越小，皂化值越高。另外，若游离脂肪酸含量增大，皂化值随之增大。

油脂的皂化值是指导肥皂生产的重要数据，可根据皂化值计算皂化所需碱量、油脂内的脂肪酸含量和油脂皂化后生成的理论甘油量三个重要数据。

本节参照《动植物油脂 皂化值的测定》(GB/T 5534—2008)。

一、测定原理

皂化值是测定油和脂肪酸中游离脂肪酸和甘油酯的含量。在回流条件下将样品和氢氧化钾-乙醇溶液一起煮沸，然后用标定的盐酸溶液滴定过量的氢氧化钾。其反应式如下：

$$(RCOO)_3C_3H_5 + 3KOH \longrightarrow 3RCOOK + C_3H_5(OH)_3$$

$$RCOOH + KOH \longrightarrow RCOOK + H_2O$$

$$KOH + HCl \longrightarrow KCl + H_2O$$

二、试剂与仪器

（1）试剂

使用的试剂均为分析纯，使用水为蒸馏水或与其相当纯度的水。

① 氢氧化钾-乙醇标准溶液。大约 0.5mol 氢氧化钾溶解于 1L 95% 的乙醇（体积分数）中。此溶液应为无色或淡黄色。通过下列任一方法可制得稳定的无色溶液。

a法：将 8g 氢氧化钾和 5g 铝片放在 1L 乙醇中回流 1h 后立刻蒸馏。将需要量（约 35g）的氢氧化钾溶解于蒸馏物中。静置数天，然后倾出清亮的上层清液弃去碳酸钾沉淀。

b法：加 4g 特丁醇铝到 1L 乙醇中，静置数天，倾出上层清液，将需要量的氢氧化钾溶解于其中，静置数天，然后倾出清亮的上层清液弃去碳酸钾沉淀。

将此液储存在配有橡皮塞的棕色或黄色玻璃瓶中备用。

② 盐酸标准溶液。$c(HCl) = 0.5mol/L$。

③ 酚酞指示剂。$(\rho = 0.1g/100mL)$ 溶于 95% 乙醇（体积分数）。

④ 碱性蓝 6B 溶液。$(\rho = 2.5g/100mL)$ 溶于 95% 乙醇（体积分数）。

⑤ 助沸物。

（2）仪器

① 锥形瓶。容量为 250mL，耐碱玻璃制成，带有磨口。

② 回流冷凝管。带有连接锥形瓶的磨砂玻璃接头。

③ 加热装置（如水浴锅、电热板或其他适合的装置）。不能用明火加热。

④ 滴定管。容量为 50mL，最小刻度为 0.1mL，或者自动滴定管。

⑤ 移液管。容量为 25mL，或者自动吸管。

⑥ 分析天平。

三、测定步骤

（1）称样

于锥形瓶中称量 2g 试验样品，精确至 0.005g。

以皂化值（以 KOH 计）170mg/g~200mg/g、称样量 2g 为基础，对于不同范围皂化值样品，以称样量约为一半氢氧化钾-乙醇溶液被中和为依据进行改变。推荐取样量见表 4-3。

表 4-3　　　　　　　　　　　　　　　　推荐取样量

估计的皂化值（以 KOH 计）/（mg/g）	取样量/g	估计的皂化值（以 KOH 计）/（mg/g）	取样量/g
150~200	2.2~1.8	250~300	1.3~1.2
200~250	1.7~1.4	>300	1.1~1.0

（2）测定

① 用移液管将 25.0mL 氢氧化钾-乙醇溶液加到试样中，并加入一些助沸物，连接回流冷凝管与锥形瓶，并将锥形瓶放在加热装置上慢慢煮沸，不时摇动，油脂维持沸腾状态 60min，对于高熔点油脂和难于皂化的样品须煮沸 2h。

② 加 0.5mL~1mL 酚酞指示剂于热溶液中，并用盐酸标准溶液滴定到指示剂的粉色刚消失。如果皂化液是深色的，则用 0.5mL~1mL 的碱性蓝 6B 溶液作为指示剂。

③ 同样条件下做空白试验。

四、结果计算

样品的皂化值 I_s 按式（4-3）计算：

$$I_s = \frac{c(V_0 - V_1)M(\text{KOH})}{m} \tag{4-3}$$

式中　I_s——皂化值（以 KOH 计），mg/g；

　　　c——盐酸标准溶液的实际浓度，mol/L；

　　　V_0——空白试验消耗盐酸标准溶液的体积，mL；

　　　V_1——试样消耗盐酸标准溶液的体积，mL；

　　　m——样品质量，g；

$M(\text{KOH})$——氢氧化钾的摩尔质量，56.1g/mol。两次平行测定结果允许误差不大于 0.5%。

任务三　碘值的测定

碘值是指 100g 油脂所能吸收卤素的质量，单位为 g/100g。

油脂内均含有一定量的不饱和脂肪酸，无论是游离状还是甘油酯，都能在每一个双键上加成一个卤素分子，这个反应对检验油脂的不饱和程度非常重要。通过碘值可大致判断油脂的属性。例如：碘值大于130，可认为该油脂属于干性油脂类；小于100属于不干性油脂类；在100~130则属半干性油脂类。制肥皂用的油脂，其混合油脂的碘值一般要求不大于65。硬化油生产中可根据碘值估计氢化程度和需要氢的量。几种油脂的碘值见表4-4。

表4-4　　　　　　　　　　　　　几种油脂的碘值

名称	亚麻籽油	鱼肝油	棉籽油	花生油	猪油	牛油
碘值（g）	165~208	154~170	104~110	85~100	45~70	25~41

测定碘值的方法有很多，如碘酊法、氯化碘-乙酸法、溴化碘法等。通常，为避免取代反应的发生，一般不用游离卤素反应，而是采用卤素的化合物。各方法在加成反应时卤素的结合状态不同，对卤素采用的溶剂也不同。下面介绍氯化碘-乙酸法。

本节参照《动植物油脂　碘值的测定》（GB/T 5532—2022），同时参照《动植物油脂　试样的制备》（GB/T 15687—2008）及《分析实验室用水规格和试验方法》（GB/T 6682—2008）。

一、测定原理

在溶剂中溶解试样，加入韦氏（Wijs）试剂反应一定时间后，加入碘化钾和水，用硫代硫酸钠溶液滴定析出的碘。

用氯化碘与油脂中不饱和脂肪酸起加成反应，然后用硫代硫酸钠滴定过量的氯化碘和碘分子，计算出以油脂中不饱和酸所消耗的氯化碘相当的硫代硫酸钠溶液的体积，再计算出碘值。反应式如下：

加成反应　　$R_1CH=CHR_2+ICl$（过量）$\longrightarrow R_1CHI-CHCIR_2$

释放 I_2　　$ICl+KI \longrightarrow KCl+I_2$

返滴定　　$I_2+2Na_2S_2O_3 \longrightarrow 2NaI+Na_2S_4O_6$

二、试剂与仪器

（1）试剂

① 碘化钾溶液。100g/L，不含碘酸盐或游离碘。

② 淀粉溶液。将5g可溶性淀粉在30mL水中混合，加入1000mL沸水，并煮沸3min，然后冷却。

③ 硫代硫酸钠标准溶液。$c(Na_2S_2O_3 \cdot 5H_2O)=0.1mol/L$，标定后7d内使用。

④ 溶剂。将环己烷和冰乙酸等体积混合。

⑤ 韦氏（Wijs）试剂。含一氯化碘的乙酸溶液，配制方法可按一氯化碘25g溶于1500mL冰乙酸中。韦氏（Wijs）试剂中 I 和 Cl 的比值应控制在 1.10±0.1 的范围内。韦氏（Wijs）试

剂稳定性较差，为使测定结果准确，应做空白样的对照测定。

配制韦氏（Wijs）试剂的冰乙酸应符合质量要求，且不得含有还原物质。

（2）仪器

除实验室常规仪器外，还包括下列仪器设备：

① 玻璃称量皿。与试样量配套并可转入锥形瓶中。

② 具塞锥形瓶。容量为500mL，完全干燥。

③ 分析天平。分度值为0.001g。

三、测定步骤

（1）称样

根据样品预估的碘值，称取适量的样品于玻璃称量皿中，精确到0.01g。推荐的称样量见表4-5。

表4-5   试样称取质量

预估碘值／（g／100g）	试样质量／g	溶剂体积／mL
＜1.5	15.00	25
1.5~2.5	10.00	25
2.5~5	3.00	20
5~20	1.00	20
20~50	0.40	20
50~100	0.20	20
100~150	0.13	20
150~200	0.10	20

注：试样的质量必须能保证所加入的韦氏（Wijs）试剂过量50%~60%，即吸收量的100%~150%。

（2）加成反应

将盛有试样的称量皿放入500mL锥形瓶中，根据称样量加入表4-5中所示与之相对应的溶剂体积溶解试样，用移液管准确加入25mL韦氏（Wijs）试剂，盖好塞子，摇匀后将锥形瓶置于暗处。

对碘值低于150的样品，锥形瓶应在暗处放置1h；碘值高于150的、已聚合的、含有共轭脂肪酸（如桐油、脱水蓖麻油）、含有任何一种酮类脂肪酸（如不同程度的氢化蓖麻油）的，以及氧化到相当程度的样品，应置于暗处2h。

（3）返滴定

到达规定的反应时间后，加20mL碘化钾溶液和150mL水。用标定过的硫代硫酸钠标准溶液滴定至碘的黄色接近消失。加几滴淀粉溶液继续滴定，一边滴定一边用力摇动锥形瓶，直到蓝色刚好消失。也可以采用电位滴定法确定终点。

相同条件下做空白溶液的测定。

四、结果计算

样品的碘值 W_1（用每100g样品吸取碘的质量表示，单位为 g/100g）按式（4-4）计算。

$$W_1 = \frac{12.69c(V_1-V_2)}{m}$$（4-4）

式中　　W_1——试样的碘值，g/100g；

　　　　c——硫代硫酸钠标准溶液的实际浓度，mol/L；

　　　　V_1——空白溶液消耗硫代硫酸钠标准溶液的体积，mL；

　　　　V_2——样品溶液消耗硫代硫酸钠标准溶液的体积，mL；

　　　　m——试样的质量，g。

测定结果的取值要求见表4-6。

表4-6　　　　　　　　　　　　测定结果的取值要求

W_1 / (g/100g)	结果取值到
< 20	0.1
20 ~ 60	0.5
> 60	1

任务四　不皂化物的测定

不皂化物是指油脂中所含的不能与苛性碱起皂化反应而又不溶于水的物质。例如甾醇、高分子醇类、树脂、蛋白质、蜡、色素、维生素 E 以及混入油脂中的矿物油和矿物蜡等物质。天然油脂中常含有不皂化物，但一般不超过2%，因此，测定油脂的不皂化物可以了解油脂的纯度。不皂化物含量高的油脂不宜用作制肥皂的原料，特别是对可疑的油脂，必须测定其不皂化物含量。

一、测定原理

油脂和碱皂化为肥皂后不溶于醚类有机溶剂，而不皂化物却能溶于醚类溶剂。根据这一性质，可用醚类提取样品，分离后经处理便得不皂化物的含量。

二、试剂与仪器

（1）试剂

① 石油醚。沸程 30~60℃。

② 乙醇溶液。取 100mL 95%（体积分数）的乙醇，加水 60mL 混合。或用普通乙醇加过量碱后重蒸馏出的乙醇 100mL，加水 60mL 混合。

③ 氢氧化钾-乙醇溶液。$c(KOH) = 2mol/L$。

④ 无水硫酸钠。

（2）仪器

① 锥形瓶。容量为 150mL、250mL。

② 分液漏斗。容量为 500mL。

③ 脂肪酸抽提器。容量为 250mL。

④ 回流冷凝管及实验室其他常规仪器。

三、测定步骤

称取油脂样品 4.40~5.00g 置于锥形瓶中，加入 25mL 氢氧化钾-乙醇溶液，接上回流冷凝管，置于水浴中加热回流 1h，使其皂化完全。加入等体积的热水，加热使形成的肥皂溶解，将其转入分液漏斗中，用少量乙醇溶液洗涤锥形瓶，洗液并入分液漏斗中。冷却，加入 50mL 石油醚，盖紧瓶塞，充分振荡，静置分层后放出肥皂乙醇液置于另一个分液漏斗中，再用 50mL 石油醚进行提取。如此反复萃取肥皂乙醇液 2~4 次，直至提取出的醚层不带黄色后，才弃去肥皂乙醇液。

将几次的醚层液合并于一个分液漏斗中，用含有少量氢氧化钾的乙醇溶液洗涤醚层 3 次以除去残余的可皂化物。然后再用乙醇溶液洗涤醚层至不呈碱性反应为止，以除去残留的肥皂。试验方法：取少量洗出液加少许水稀释，加入酚酞不显红色，即可终止洗涤。

将洗净的醚层经干滤纸过滤于质量已恒定的烧瓶中，滤纸上放少量的无水硫酸钠以助吸水。接上冷凝管，于水浴上回收石油醚。待石油醚几乎完全逸出后取出烧瓶，擦净烧瓶外壁并让石油醚完全挥发后，置于 100~105℃烘箱中干燥 0.5h。冷却，称量，将样品再次在烘箱中按同样的条件进行干燥，直至质量恒定。

四、结果计算

样品中不皂化物的质量分数 w 按式（4-5）计算：

$$w = \frac{m_1 - m_0}{m} \tag{4-5}$$

式中　m_0——空称瓶质量，g；

　　　m_1——称瓶和不皂化物质量，g；

　　　m——样品质量，g。

五、注意事项

① 萃取时若醚层出现乳化，可加 5~10mL 95%（体积分数）的乙醇或数滴氢氧化钾-乙醇

溶液破乳。

② 两次平行测定结果允许误差不大于 0.05%。

任务五 总脂肪物的测定

油脂中的总脂肪物是制皂工业重要的经济指标之一。其测定方法有直接质量法和非碱金属盐沉淀质量法。其中直接质量法准确度高，是测定总脂肪物的标准方法。若油脂样品中含挥发性脂肪酸较多，则适宜用后一种方法。下面介绍直接质量法。

一、测定原理

利用油脂和碱起皂化反应，形成脂肪酸盐（肥皂）。脂肪酸盐与无机酸反应，分解析出不溶于水而溶于乙醚或石油醚的游离脂肪酸，经分离、处理后得脂肪酸。由于油脂中某些非脂肪酸的有机物也能溶于醚中，故测得的结果称为总脂肪物。

二、试剂与仪器

（1）试剂

① 氢氧化钾-乙醇溶液。$c(KOH) = 0.5mol/L$。

② 盐酸溶液。取浓盐酸 500mL，加水 400mL 混合。

③ 甲基橙指示剂。$\rho(甲基橙) = 2g/L$。

④ 丙酮、乙醚。

（2）仪器

① 锥形瓶。容量为 150mL、250mL。

② 分液漏斗。容量为 500mL。

③ 回流冷凝管、蒸馏装置、烘箱及实验室其他常规仪器。

三、测定步骤

称取油脂样品 3~5g（精确至 0.0005g）置于锥形瓶中，加入 50mL 氢氧化钾-乙醇溶液，接上回流冷凝管，置于水浴中加热回流 1h，使其皂化完全，再蒸馏回收乙醇。然后加入热水 80mL，于水浴上进行加热，使生成的肥皂完全溶解，再加入盐酸溶液酸化，以甲基橙作指示剂。待脂肪酸析出后冷却至室温。将其转入分液漏斗中，用 50mL 乙醚分三次洗涤锥形瓶，洗液并入分液漏斗中，盖紧瓶塞，充分振荡，静置分层后放出水层于另一个分液漏斗中，再用 30~50mL 乙醚分两次抽提水层。如果最后一次抽提的乙醚层还呈现颜色，再用乙醚抽提至不变色为止。

将几次的醚层液合并于一个分液漏斗中，每次以少量水洗涤醚层，至洗液不呈酸性为止。将洗净的醚层经干滤纸过滤于质量已恒定的锥形瓶中，再用乙醚洗净分液漏斗并过滤到锥形瓶中。

将锥形瓶接上冷凝管于水浴中回收乙醚。收集乙醚的容器应放入低于室温的环境中，待乙醚即将蒸完时，取出锥形瓶，冷却后加入 4~5mL 丙酮摇匀，再置于水浴上蒸去丙酮以除去残留的乙醚及水分。然后放入 75℃ 烘箱中干燥 1h 后取出，放冷后再加 4~5mL 丙酮按同样的条件进行处理。于水浴上完全蒸去丙酮后，擦净锥形瓶外壁，置入 100~105℃ 烘箱中烘至质量恒定。

四、结果计算

样品中总脂肪物的质量分数 w 按式（4-6）计算：

$$w = \frac{m_1 - m_0}{m} \tag{4-6}$$

式中　　m_0——空称量瓶质量，g；

m_1——烘干后称量瓶质量，g；

m——样品质量，g。

五、注意事项

① 如果抽提时乙醚层澄清透明，可不必过滤。
② 如果乙醚或丙酮等有机溶剂未除尽，切勿放入烘箱中，以免发生爆炸事故。
③ 两次平行测定结果允许误差不大于 0.2%。

任务六　氧化脂肪酸的测定

氧化脂肪酸的含量标志着油脂酸败的程度。油脂发生酸败后其产物主要是醛类。用酸败严重的油脂制成的肥皂，常带恶臭异味，并能使肥皂进一步酸败，色泽变绿。

一、测定原理

测定氧化脂肪酸含量是根据氧化脂肪酸不溶于石油醚而能溶于乙醚的特性。因此，用石油醚及乙醚经分离处理，便可得氧化脂肪酸的含量。

二、试剂与仪器

（1）试剂

① 氢氧化钾-乙醇溶液。$c(KOH)=0.5mol/L$。

② 盐酸溶液。取浓盐酸 500mL，加水 400mL 混合。

③ 石油醚、乙醚。

（2）仪器

① 锥形瓶。容量为 150mL、250mL。

② 分液漏斗。容量为 500mL。

③ 回流冷凝管、蒸馏装置、烘箱及实验室其他常规仪器。

三、测定步骤

按总脂肪物的测定步骤，使油脂样品皂化完全，回收乙醇后，加水 10mL 摇匀，蒸发至近干。然后加 100mL 热水溶解肥皂，转入分液漏斗中，再加入盐酸溶液中和并略过量。冷却后加入 200mL 石油醚，塞紧瓶塞，充分振荡，静置分层后放出酸水再过滤石油醚层。每次用 25mL 石油醚洗涤分液漏斗 2~3 次，过滤，每次再以 10mL 石油醚多次洗涤滤纸和滤渣，以洗去氧化脂肪酸内夹带的脂肪酸，直至石油醚呈本色为止。

用 100mL 乙醚洗涤分液漏斗，然后淋洗有滤渣的滤纸，并放入质量已恒定的烧瓶中，使滤纸上的氧化脂肪酸溶解。每次再以少量乙醚洗涤滤纸多次，以洗去滤纸上附着的氧化脂肪酸。然后用少量丙酮或乙醇洗涤滤纸 1~2 次，以洗下少量乙醚难溶的氧化脂肪酸。置烧瓶于水浴上，安装上冷凝管回收溶剂。最后擦净烧瓶外壁，于 105℃ 的烘箱中烘至质量恒定。

四、结果计算

样品中氧化脂肪酸的质量分数 w 按式（4-7）计算：

$$w=\frac{m_1-m_0}{m} \tag{4-7}$$

式中　m_0——空称量瓶质量，g；

　　　m_1——烘干后称量瓶质量，g；

　　　m——样品质量，g。

五、注意事项

① 氧化脂肪酸中可能含有无机盐，如果要求更高的准确度，应将质量恒定后的残渣灰化，然后测出灰分的质量并从氧化脂肪酸中扣除。

② 氧化脂肪酸并非绝对不溶于石油醚，测定时样品称量和试剂用量必须按规定进行，否

则重现性会差。

③ 两次平行测定结果允许误差不大于 0.05%。

思 考 题

1. 化妆品原料中常见的化学参数有哪些?
2. 酸值的定义与意义是什么?
3. 简述氢氧化钾水溶液法测酸值的原理与结果计算方法。
4. 皂化值的定义与意义是什么?
5. 简述皂化值测定的原理与结果计算方法。
6. 碘值的定义与意义是什么?
7. 简述碘值的测定原理与结果计算方法。
8. 简述不皂化物的定义与测定原理。
9. 简述总脂肪物的测定原理。
10. 简述氧化脂肪酸的测定原理。

05

项目五

常用分析仪器法

任务一 分光光度法

一、原理及特点

分光光度法是光学分析法中的一种，是根据物质对光的吸收特性进行定量分析的方法。这种方法具有许多优点，在化学分析中应用非常广泛。分光光度法包括物质对红外光、紫外光和可见光的吸收，本章只讨论最常用的近紫外和可见光部分的分光光度法。

分光光度法的应用非常广泛，它具有如下优点：

① 灵敏度高，测定下限可达 $10^{-7}g/mL$。

② 选择性好，可在多种组分共存的溶液中不经分离而测定某欲测定的组分。

③ 通用性强，用途广泛，大部分无机元素都可用分光光度法测定，许多有机化合物中的官能团，以及某些平衡常数、配位数等，也可以用分光光度法测定。

④ 设备和操作简单，分析速度快。

⑤ 准确度较好，通常相对误差为 2%，适用于微量组分的测定。

二、分光光度计的构造及性能

分光光度计的主要部件包括光源、单色器、吸收池、检测器及测量系统等。

1. 光源

紫外可见分光光度计理想的光源应具有在整个紫外可见光域的连续辐射，强度应高，且随波长变化能量变化不大，但在实际上这是难以实现的。在可见光区，常用钨灯（或卤钨灯）为光源，波长范围约为 320~2500nm；在紫外光区，常用氢灯、氘灯为光源，波长范围约为 200~375nm。氘灯的辐射强度比氢灯高 2~3 倍，寿命也较长。氙灯的强度一般高于氢灯，但欠稳定，使用的波长范围为 180~1000nm，常用作荧光分光光度计的激发光源。

2. 单色器

单色器是将光源发射的复合光分解为单色光的光学装置。一般由五部分组成：入光狭缝、准光器（一般是由透镜或凹面反光镜使入射光成为平行光束）、色散器、投影器（一般是由一个透镜或凹面反射镜将分光后的单色光投影至出光狭缝）、出光狭缝。

色散器是单色器的核心部分，常用的色散元件是棱镜和光栅。

棱镜由玻璃或石英制成，玻璃棱镜色散能力大，但它能吸收紫外光，因此只能用于 350~820nm

波长的分析测定，在紫外区必须用石英棱镜。

光栅是在玻璃表面上每毫米内刻有一定数量等宽等间距的平行条痕的一种色散元件。高质量的分光光度计采用全息光栅代替机械刻制和复制光栅。光栅的主要特点是色散均匀、呈线性、光度测量便于自动化、工作波段广。

3. 吸收池

吸收池是盛放样品溶液的容器，它具有两个相互平行、透光且具有精确厚度的平面。玻璃吸收池的光程长度一般为 1cm，也有 0.1~10cm 的。由于吸收池厚度存在一定误差，其材质对光不是完全透明的，在进行定量分析时，对吸收池应做配套性试验，试验后标记出放置方向。

4. 检测器

检测器是一种光电转换设备，它将光强度转变为电信号显示出来。常用的检测器有光电池、光电管及光电倍增管等，近年来也采用光电二极管阵列作为检测器。光电池的光电流较大，不用放大，可用于初级的分光光度计上。它的缺点是疲劳效应较严重。

光电管是常用的光电检测器，锑-铯阴极的紫敏光电管适用波长为 200~625nm，银-氧化铯-铯阴极的红敏光电管适用波长为 625~1000nm。

光电倍增管是目前应用最为广泛的检测器，它利用二次电子发射来放大光电流，放大倍数可达 10^8 倍。

采用光电二极管阵列检测器时，光源发出的复合光先通过样品池后由光栅色散，色散后的单色光直接由数百个二极管接收。由于单色器的谱带宽度接近于各光电二极管的间距，全部波长能够同时被检测，因此其扫描速度快，190~800nm 波长可在 0.1s 内完成扫描。

5. 测量系统

测量系统包括放大器和结果显示装置。早期的分光光度计用表头读数，二十世纪七十年代以来，采用数字读出装置。现代的分光光度计在主机中装备有微处理机或外接微型计算机，以控制仪器操作和处理测量数据；装有屏幕显示、打印机和绘图仪等，使测量精密度、自动化程度提高，应用功能增加。

三、光吸收定律

对于任何一种有色溶液，都可以测出它的光吸收曲线。光吸收程度最大处的波长称为最大吸收波长，常用 λ_{max} 表示，例如 $KMnO_4$ 溶液的 $\lambda_{max}=525nm$。浓度不同的同一种溶液，其最大吸收波长相同，但溶液的浓度越大，对光的吸收程度越大，吸收峰就越高。溶液对光的吸收规律称为光的吸收定律。其数学表达式见式（5-1）：

$$\lg \frac{I_0}{I_t} = kbc \tag{5-1}$$

式中　I_0——入射光强度，cd；

　　　I_t——透射光强度，cd；

　　　k——摩尔吸光系数，与入射光波长、溶液的性质有关，可用 ε 表示，$L \cdot mol^{-1} \cdot cm^{-1}$；

　　　b——吸收层厚度，cm；

　　　c——溶液的浓度，$mol \cdot L^{-1}$。

从吸光度的定义上，式（5-1）可写为：$A = kbc$，式中 A 用来描述溶液对光的吸收程度，称为吸光度。

光的吸收定律也称为朗伯-比耳定律。朗伯定律说明光的吸收与吸收层厚度成正比；比耳定律说明光的吸收与溶液浓度成正比。如果同时考虑吸收层的厚度和溶液的浓度对单色光吸收率的影响，则得朗伯-比耳定律，它是吸光光度分析的理论基础。

透射光强度 I_t 与入射光强度 I_0 之比称为透射比，用 T 表示。其数学表达式见式（5-2）：

$$T = \frac{I_t}{I_0} \tag{5-2}$$

则吸光度为透射比倒数的对数，即：$A = \lg \frac{I_0}{I} = \lg \frac{1}{T}$。

四、光吸收定律的适用范围

根据光吸收定律，溶液的吸光度 A 应当与溶液浓度呈线性关系，但在实践中常发现有偏离光吸收定律的情况，从而引起误差。这是由于光吸收定律有一定的适用范围，超出了适用范围就会引起误差。

光吸收定律的适用范围：

① 光吸收定律只适用于单色光，但各种分光光度计提供的入射光都是具有一定宽度的光谱带，这就使溶液对光的吸收行为偏离了光吸收定律而产生误差。因此，要求分光光度计提供的单色光纯度越高越好，光谱带的宽度越窄越好。

② 光吸收定律只适用于稀溶液，当有色溶液浓度较高时就会偏离光吸收定律。遇到这种情况时，应设法降低溶液浓度，使其恢复到线性范围内工作。

③ 光吸收定律只适用于透明溶液，不适用于乳浊液和悬浊液。乳浊液和悬浊液中悬浮的颗粒对光有散射作用，光吸收定律只讨论溶液对光的吸收和透射，不包括散射光。

④ 光吸收定律也适用于那些彼此不互相作用的多组分溶液，它们的吸光度具有加和性，即：

$$A = A_1 + A_2 + \cdots + A_n$$

这种吸光度的加和性，在测定多组分共存的溶液时，要充分考虑共存组分的影响。

⑤ 有色化合物在溶液中受酸度、温度、溶剂等影响，可能发生水解、沉淀、缔合等化学

反应，从而影响有色化合物对光的吸收，因此在测定过程中要严格控制显色反应条件，以减少测定误差。

五、吸光度测量条件的选择

为了使吸光度的测量准确，就要选择合适的测量条件，主要从以下几个方面考虑：

1. 工作波长的选择

每种有色化合物都有自己特征的吸收曲线，一般选择最大吸收波长作为测量时的工作波长，因为最大吸收波长处摩尔吸光系数最大，测定灵敏度最高。但有时为了避免干扰，不选择最大吸收波长，而选择其次的吸收峰为工作波长，这样虽然灵敏度不是最高，但能够避免干扰，提高了方法的选择性。

2. 控制适当的吸光度

分光光度计都有一定的测量误差，实践证明，吸光度在 0.2~0.5 内测量的相对误差最小。为使被测溶液的吸光度在 0.2~0.5 之内，可以用下面两种方法来调整。第一种是控制被测溶液的浓度，如改变取样量、改变溶液的浓缩倍数或稀释倍数；第二种是选择不同的比色皿，比色皿的光程长度为 0.5~5.0cm，吸光度小的溶液要用光程长的比色皿，吸光度大的溶液要用光程短的比色皿。例如某溶液用 1cm 比色皿测定时吸光度为 0.05，改用 5cm 比色皿测定时，吸光度就变为 0.25 了，反过来对吸光度大的样品也可以同样调整。

3. 选择适当的参比溶液

测量吸光度时，用参比溶液来调节仪器零点，以便消除比色皿和试剂带来的误差。参比溶液可以是下面几种溶液中的一种。

（1）蒸馏水

如果被测溶液中不含有其他有色干扰离子，各种试剂和显色剂也无色，可用蒸馏水作为参比溶液。

（2）不加显色剂的被测试液

如果显色剂无色，被测试液含有其他有色干扰离子，可用不加显色剂的被测溶液作为参比溶液，这样可以消除有色干扰离子的影响。

（3）加入掩蔽剂的被测试液

如果显色剂和被测试液都有色时，可在被测试液中加入适当的掩蔽剂作为参比溶液，从而把组分掩蔽起来，使之不再与显色剂反应，再加入与被测试液相等的显色剂和其他试剂，这样的参比溶液能消除共存组分的干扰。

六、干扰离子的影响及消除

干扰离子的影响一般有以下几种情况：

（1）干扰离子本身有颜色

干扰离子本身有颜色，如 Fe^{3+}、Cu^{2+}、Co^{2+}、Ni^{2+}、Cr^{3+} 等离子，本身的颜色较深，会干扰被测离子的测定。

（2）干扰离子本身无颜色

干扰离子本身无颜色，但能与显色剂反应生成稳定的配合物。若配合物有色则直接干扰测定；若配合物无色，也会降低显色剂的浓度，影响被测离子与显色剂的反应，从而产生误差。

（3）干扰离子与被测离子反应生成配合物或沉淀

干扰离子与被测离子反应生成配合物或沉淀，会影响被测离子的测定。

为了消除干扰离子的影响，可采取下面几种方法：

① 控制溶液的酸度。溶液的酸度是影响显色反应的重要因素。当有干扰离子存在时，可以控制溶液的酸度，让被测离子与显色剂的反应进行完全，从而让干扰离子与显色剂的反应不能进行。例如用双硫腙测定 Hg^{2+} 时，Cu^{2+}、CO^{2+}、Ni^{2+}、Zn^{2+}、Pb^{2+} 等都对其干扰，如果在稀酸介质 $\left[c\left(\dfrac{1}{2}H_2SO_4 \right) = 0.5mol/L \right]$ 中，上述离子都不与双硫腙反应，只有 Hg^{2+} 能反应，于是便消除了干扰。

② 加入掩蔽剂与干扰离子形成更稳定的化合物，使干扰离子不再产生干扰。例如用双硫腙测定 Hg^{2+} 时，在稀 H_2SO_4 中仍不能消除 Ag^+ 和大量 Bi^{3+} 的干扰，这时可加入 KCNS 掩蔽 Ag^+，加入 EDTA 掩蔽 Bi^{3+}，就能达到消除干扰的目的。

③ 利用氧化还原反应改变干扰离子的价态以消除干扰。用铬天青 S 测定 Al^{3+} 时，Fe^{3+} 对其有干扰，加入抗坏血酸将 Fe^{3+} 还原为 Fe^{2+} 后即可消除干扰。

④ 利用参比溶液消除某些有色干扰离子的影响。用铬天青 S 测定钢中的 Al^{3+} 时，Ni^{2+}、Cr^{3+} 等有色离子都对其有干扰，为此取一定量的试样溶液，加入少量 NH_4F，与 Al^{3+} 生成 $[AlF_6]^{3-}$ 配合物而掩蔽了 Al^{3+}。然后加入显色剂和其他试剂，让干扰离子显色，以此作为参比溶液，这样便消除了 Ni^{2+} 和 Cr^{3+} 的干扰，也消除了显色剂本身的影响。

⑤ 选择适当的波长以消除干扰。通常把工作波长选在最大吸收波长处，但有时为了消除干扰，把工作波长移至次要的吸收峰，这样做虽然测定灵敏度低一些，但却可以消除某些干扰离子的影响。

⑥ 采用适当的分离方法。如果没有消除干扰的适当方法，可以采用沉淀、萃取等分离方法。这些方法操作比较麻烦，但可以消除干扰离子的影响。

七、分光光度分析的定量方法

分光光度法的定量依据是光吸收定律，但具体的操作方法却有多种。常用的方法有四种，即目视比色法、工作曲线法、直接比较法、标准加入法。

1. 目视比色法

目视比色法简单、方便，在准确度要求不高的场合适用。将试样和标样在相同条件下显色，在同样的比色管中观察颜色深度，当试样和标样的颜色深度相同时，根据光吸收定律，有式（5-3）和式（5-4）：

$$A_s = \varepsilon c_s b_s \tag{5-3}$$

$$A_x = \varepsilon c_x b_x \tag{5-4}$$

这里 $b_s = b_x$，$A_s = A_x$，所以 $c_s = c_x$。

2. 工作曲线法

工作曲线法也称标准曲线法，适用于大量重复的样品分析，是工厂控制分析中应用最多的方法。根据光吸收定律，对于一种有色化合物，ε 是一个定值，若把吸收层厚度 b 也固定，那么吸光度 A 就和溶液的浓度 c 成正比，也就是说吸光度 A 和浓度 c 呈线性关系。选择配制一系列适当浓度的标准溶液，显色后分别测定其吸光度，把吸光度 A 对浓度 c 作图，即得工作曲线，也叫标准曲线。然后将被测组分在同样条件下显色，测得吸光度后在工作曲线上查得被测组分的浓度。这个方法简单方便，适用于多个样品的系列分析。

3. 直接比较法

直接比较法的实质也是工作曲线法，是一种简化的工作曲线法。

配一个已知被测组分浓度为 c_s 的标样，测其吸光度为 A_s，在同样条件下再测未知样品的吸光度为 A_x，通过计算求出未知样品的浓度 c_x，即：

$$A_s = \varepsilon c_s b$$

$$A_x = \varepsilon c_x b$$

由于溶液性质相同，比色皿厚度一样，所以 $A_s / A_x = c_s / c_x$，则：

$$c_x = \frac{c_s}{A_s} A_x$$

由此可计算出未知样品的浓度 c_x。这个方法简化了绘制工作曲线的程序，适用于个别样品的测定。操作时应注意所配制的标样的浓度要接近被测样品的浓度，这样能减少测量误差。

4. 标准加入法

标准加入法也是工作曲线法的一种特殊应用。选择适当的显色条件，先测定浓度为 c_x 的未知样品的吸光度 A_x，再向未知样品中加入一定量的标样，配制成浓度为 $c_x + \Delta c_1$，$c_x + \Delta c_2$ 等一系列样品，显色后再测定吸光度为 A_1，A_2 等。最后在坐标纸上画图，以吸光度 A 为纵坐标，

以浓度 c 为横坐标，分别画出 Δc_1，Δc_2 等所对应的 A_1，A_2 等各点，连成直线后延长，与横轴的交点也就是未知样品的浓度 c_s。应用标准加入法时要注意，加入的标样浓度要适当，以使画出的曲线保持适当角度，浓度过大或过小都会带来测量误差。

这种方法操作比较麻烦，不适于系列样品分析，但它适用于组成比较复杂、干扰因素较多而又不太清楚的样品，因为它能消除背景的影响。

任务二　原子吸收光谱法

一、原理及特点

1. 基本原理

当光源发射出的待测元素的特征谱线通过样品蒸气时，被待测元素的基态原子所吸收，因其吸收而使谱线强度减弱的程度与样品中待测元素的含量成正比关系，由此即可计算出样品中待测元素的含量。

常用的原子吸收光谱法有火焰原子吸收光谱法和石墨炉原子吸收光谱法。

2. 特点

（1）检出限低

对于火焰原子吸收光谱法，其检出限可达到 $\mu g/mL \sim ng/mL$ 级；石墨炉原子吸收光谱法的检出限可达 $10^{-14} \sim 10^{-12} g$。

（2）选择性好

由于在原子吸收光谱法中选择的是待测元素的特征谱线，谱线干扰小，因此具有较强的选择性。

（3）精密度高

一般火焰原子吸收光谱法的相对标准偏差在 2% 左右，石墨炉原子吸收光谱法的相对标准偏差在 3% 左右。

（4）使用范围广

元素周期表中大多数金属均可直接进行分析，部分非金属元素、有机化合物可利用间接方法进行分析，样品使用量小。

原子吸收光谱法的缺点在于其只能进行单元素分析，对于同一样品中多元素的分析用时较长，且其定量分析的标准曲线线性范围较窄。

二、原子吸收分光光度计的构造及性能

原子吸收光谱仪又称原子吸收分光光度计，是用于原子吸收光谱分析和研究的仪器。原子吸收分光光度计主要由四部分构成，即：光源系统，发射待测元素的特征谱线，一般采用空心阴极灯；原子化系统，产生待分析试样的原子蒸气；分光系统，分出试样中待测元素的谱线；检测系统，包括检测器、放大器和读数、计算装置。

1. 光源系统

光源是原子吸收仪器的重要组成部分，它的作用是供给原子吸收所需要的特征谱线，目前普遍采用的是普通空心阴极灯，另外还有高强度空心阴极灯、无极放电灯和多元素空心阴极灯。

2. 原子化系统

原子化系统的作用是提供一定的能量，将样品中的待测元素转化为自由态原子蒸气。元素测定的灵敏度、准确度乃至干扰水平，在很大程度上取决于原子化的情况。原子化系统一般分为火焰原子化系统、无火焰原子化系统和氢化物原子化系统等。

（1）火焰原子化系统

火焰原子化系统包括两个部分，即雾化器和燃烧器。雾化器是原子化系统的核心部件，利用雾化器可将样品溶液雾化喷入火焰中。对雾化器的要求是雾化效率高、雾滴细、喷雾稳定。利用燃烧器燃烧将试样原子化，只有较高的原子化效率才能保证有较高的灵敏度和精密度。不同元素原子化所需的火焰温度不同，常用的有空气–煤气焰（约1840℃）、空气–乙炔焰（约2200℃）、一氧化二氮–乙炔焰（约2950℃）。

（2）无火焰原子化系统

石墨炉原子化系统是无火焰原子化系统中最常用的，也是痕量元素分析的主要手段。样品在石墨管中经干燥、灰化、原子化，然后被测量。由于无火焰原子化系统具有较高的原子化效率，可得到比火焰大数百倍的原子蒸气浓度，原子蒸气的停留时间也较长，利用无火焰原子化的原子吸收分析的检出限可达10^{-12}g数量级，一些元素的灵敏度可达10^{-14}g，比火焰原子吸收光谱分析法提高几个数量级，且所需样品量小（通常为$5 \sim 50\mu g$），安全性高（无可燃气体），因此成为现代元素分析的必备仪器。

（3）氢化物原子化系统

氢化物原子系统是基于某些元素在酸性介质中被还原成为该元素的氢化物并从溶液中分离出来的原理，由载气带入石英管中，再经加热分解产生基态原子进行分析。该方法比火焰原子吸收光谱法高出约3~4个数量级。一般如分析铅、砷、硒、锗、锡、碲、锑、铋等，均可采用此方法。

3. 分光系统

分光系统的作用是将被测的吸收线与其他谱线分开，包括单色器和外光路。其核心部件是单色器，早期的单色器采用棱镜分光，现代光谱仪大多采用平面或凹面光栅作为单色器，目前已推出中阶梯光栅单色器。单色器色散性能的优劣，直接影响分析的灵敏度和检出限。外光路是将元素灯的光汇聚，从原子化器的最佳位置通过原子化区，然后聚焦到单色器的入射狭缝。商品原子吸收光谱仪的外光路各不相同，可简单分为单光束和双光束两种。

4. 检测系统

检测系统一般包括检测器、放大器和读数系统。检测器能够将光信号转换为电信号，目前常用的是光电倍增管，光电二极管阵列、固态传感器技术也已经得到应用。

三、原子吸收分光光度计的安装和维护

1. 原子吸收分光光度计的安装调试

原子吸收分光光度计是一种精密的光学仪器。为使获得的数据准确可靠，必须正确维护、保养仪器设备，使其保持良好的工作状态，并延长仪器的使用寿命。

外部环境要求：实验室应建在无强磁场的强热辐射的地方，应避免剧烈的震动。

场地要求：试验台应坚固、稳定，房间门窗要密封（最好用双层窗）；房间要有一个隔墙（最好里外套间），不要进门就看到仪器。窗户应有窗帘，避免阳光直接照射到仪器上；应有防尘、防烟、防辐射、排风装置；室温范围在 $10\sim30℃$，且每小时温度变化速率最大不超过 $2.8℃$；室内相对湿度在 $20\%\sim60\%$（最好有冷热空调、温湿度计、去湿机），实验室内不能有水槽。

电源要求：主机功率 1kW；数据处理（计算机、打印机）功率 500W；石墨炉塞曼效应磁场功率 7kW，非塞曼效应磁场功率 5kW；电源供应要平稳，无瞬间脉冲，并保持在电压 $220V\pm22V$，频率 $55Hz\pm1Hz$；要求输入为三相电源，其中一相用于主机、计算机等，一相用于石墨炉，另一相用于其他设备；要有一地线，接地电阻小于 5Ω。

2. 原子吸收分光光度计的日常维护和故障检修

（1）火焰原子化系统的日常维护和故障检修

① 火焰原子吸收光谱法测定完成后，吸入 5%的硝酸溶液几分钟；再吸入蒸馏水几分钟，清洗燃烧系统。

② 直接测定有机溶液之后，吸入纯丙酮几分钟；然后吸入 5%的硝酸溶液几分钟；再吸入蒸馏水几分钟，清洗燃烧系统。

③ 若发现燃烧头上面有很多一闪一闪的黄色光条，说明燃烧头已脏，要进行清洗。把燃烧头拆下来，先用自来水冲洗，边冲边用刀片垂直平行地刮燃烧缝的两边，然后用纸片（打印纸厚度）来回刷缝的两边，直到纸上的刮痕不那么黑（如果缝中的水被刷干，再用水弄湿，然后再用纸刷）为止。

④ 测定浓度很高的金属盐类样品时，使用上面清洗方法是不能达到清洗目的的。这时应使用 5% HCl 浸泡（过夜），然后用上述方法清洗（为加快清洗，使用加热浸泡）。预混合室也要用水清洗。

⑤ 空气压缩机要经常放水（最长一个星期一次）。要用无油空气压缩机，否则容易损坏仪器内部气体通路或使油上升到火焰，引起测定不稳定。

⑥ 用纯的乙炔气，不能用工业乙炔气，以免造成压力传感器损坏或堵塞气路。没有条件时，应用脱脂棉过滤或用活性炭吸附（不能使活性炭跑到仪器内部气体通路上而造成堵塞，所以活性炭装置的上下表面上，要用厚的脱脂棉或其他东西封好）。

（2）火点不着的原因

① 长期不使用，乙炔管里充满空气（尤其管路长时），要预先放气一段时间才可能点燃火焰。

② 长期不使用，废液桶里水封的水蒸发干，对仪器起保护作用。拧开盖子与废液管连接锁紧装置，从桶盖塑料管的孔上加入 50mL 水。

③ 乙炔没有打开或乙炔的压力太低（要求 $0.8kg/cm^2$ 或 $0.08MPa$），如果气管太长则压力要更大一些（在出口压力表的红线以外）。

④ 空气压力太低（要求 $4 \sim 6kg/cm^2$），如果刚开机能把火点燃，但火会立即灭掉，这是由于空压机供气量不足，当火焰点着后，气量增大，压力迅速下降，当压力低于仪器所要求的压力时，就会立即灭火。

⑤ 燃烧系统的两个电插头没有插好。

⑥ 雾化器上的磁性开关与预混合室上的磁性开关没有接触好。

⑦ 如果气体的压力流量都合适，也没有其他问题，但还是点不着火，此时可能是燃烧头的问题。可以试试把燃烧头往里扳，然后再点火。如果还是点不着火，就要联系维修工程师查看。

（3）火焰测定容易出现的问题

① 火焰原子吸收光谱法的读数时间应在 2s 以上，读数延迟时间应在 3s 以上。

② 乙炔流量过大，火焰发黄。

③ 燃烧头位置没有调好（燃烧缝应在光点中央，燃烧头挡光应为 $0.003 \sim 0.005$ 吸光度）。

④ 雾化器状态没有调好，喷雾不稳定；或者雾化器进样毛细管尖被腐蚀，或者漏气。

⑤ 测定过高浓度的元素，尤其是像 K、Na、Ca 等，最高吸光度以不大于 0.500 为宜；吸光度过大时，要调低灵敏度（调雾化器，装上扰流器，调燃烧头转角）。同时，吸光度也不能

太低，应大于 0.040。

（4）石墨炉原子化系统的日常维护和故障检修

① 外接气体管路时，特别是金属管，管里一定要清洗干净，否则会把仪器内的气体过滤器堵死。对于石墨炉，石墨管没有氩气保护（或流量很小），石墨管很容易损坏。

② 石墨管和主机样品室两边石英窗中的石英片发现脏时，要进行清洗（50mL 烧杯，装上去离子水，滴加几滴中性洗涤剂。用药棉棒沾上这些溶液进行清洗，然后用去离子水冲洗几遍，最后用氮气或氩气把水吹干）。

③ 石墨炉不加热并显示电阻太大，这时可能是石墨管已经损坏或者石墨锥太脏导致与石墨管接触不好。若更换新的石墨管后还出现这种现象，则用随仪器带来的泡沫塑料棒沾乙醇或丙酮清洗石墨锥内部，如果还出现这种现象，就要更换新的石墨锥。

④ 新的石墨管要进行预处理，否则容易损坏。

⑤ 石墨炉测定的酸度不能过高（酸度越大，管子的寿命越短），最高不能超过 5%HNO_3。

⑥ 每次石墨炉测定之前，要检查自动进样器进样针的位置是否正确。

⑦ 检查石墨炉自动进样使用的样品盘是否为仪器所选用的型号，否则容易损坏进样针。

（5）石墨炉测定容易出现的问题

① 加热程序没有安排好，干燥温度过高，产生爆沸；干燥时间保持太短，没有蒸干便转到高温的灰化温度，产生溅射；干燥和灰化阶段，斜坡升温时间太短，升温速率太快，产生溅射或冒大烟。

② 测定高吸光度的样品由于有残留，须加一步空烧操作再测定空白或含量很低的样品。

③ 测定高温元素产生记忆效应，应多加高温清洗步骤。

④ 直接测定有机溶液，由于扩散快，应采用预加热石墨管方式（例如：MIBK-甲基异丁酮，60~70℃），减少扩散。

⑤ 测定高盐浓度的样品（如海水）时，容易产生溅射和冒大烟，须降低升温速率，每秒钟应≤20℃（干燥和灰化）。

⑥ 不使用 HCl 为介质，因为氯化物容易挥发，改为 HNO_3。

⑦ 酸度不宜过高。

⑧ 石墨管已经被严重腐蚀，须更换新的石墨管。

⑨ 没有加入基体改进剂，采用推荐的标准条件，则被测元素在灰化阶段挥发，或者存在不同化合物产生双吸收峰。加入基体改进剂，可使灰化温度提高 250~300℃，使原子化温度降低 100~200℃。

四、原子吸收分光光度计的分析条件的选择

1. 吸收线的选择

吸收线的选择直接影响原子吸收分析的灵敏度、稳定度、干扰度、直线性以及光敏性等。

在实际工作中应根据分析目的、样品组成、待测元素浓度、干扰情况以及仪器自身条件等综合考虑。

首先，应当尽量避免干扰。如果共振线附近存在着其他谱线，或火焰氛围对吸收线影响较大，则有时宁愿牺牲一些灵敏度而选用次灵敏线，以保证良好的线性。如 Pb，217.0nm 是它的共振线，但由于它受火焰吸收的影响较大，因而通常选用 283.3nm 来测 Pb。

其次，样品的组成和待定元素的浓度也是吸收线选择时应当考虑的重要因素。原子吸收分析通常用于低含量元素的测定，一般应选择最灵敏的共振吸收线，但当测定高浓度元素时，为了避免过度稀释和减少污染等问题，可选用次灵敏线代替共振线。

此外，在选择分析线时，也应该注意仪器条件。原子吸收分光光度计的波长范围一般在 190.0~900.0nm，其在紫外和可见光区有较高的灵敏度。对于那些共振线在这些区域之外的元素，则应采用次灵敏线作为分析线，如钾，常用次灵敏线 404.4nm 作为分析线，而不用共振线 766.5nm。

2. 灯电流的选择

空心阴极灯的发射特性依赖于灯电流。因此，在原子吸收分析中，为了得到较高的灵敏度和精密度，就要适当选择灯电流。一般来说，灯电流小，谱线的多普勒变宽和自吸收效应减小，发射线的半宽度变窄，灵敏度增高。但是，如果灯电流太小，就会造成放电不稳定，光谱输出稳定性差。为了保证必要的信号输出，势必要增宽狭缝，或者提高检测器的增益。这样，就会引起噪声增加，从而使谱线的信噪比降低，导致精密度降低。如果从测定的稳定度考虑，灯电流宜大些，这样，有利于信噪比增强，使得精密度提高。

在实际工作中，灵敏度和精密度两者都应兼顾，灯电流的选择可通过试验确定。其方法是：在不同灯电流下测量一个标准溶液的吸光度，通过绘制灯电流和吸光度的关系曲线确定灯电流。在选择时，通常是选用灵敏度较高、稳定性较好的灯电流。

每只灯允许使用的最大工作电流与建议使用的适宜工作电流都标示在灯上，对大多数元素而言，选用的灯电流是其额定电流的 40%~60%。在这样的灯电流下，既能达到较高的灵敏度，又能保证测定结果的精密度。

3. 光谱通带的选择

光谱通带的宽度直接影响测定的灵敏度和标准曲线的线性范围。它应既能使吸收线通过单色器出口狭缝，又能把邻近的其他谱线分开。因此，在选择时应当遵循这样一条原则：在保证只有分析线通过出口狭缝到达检测器的前提下，尽可能选用较宽的光谱通带，以获得较高的信噪比和稳定度。

4. 燃助比的选择

燃气与助燃气的比值决定着火焰的类型和状态，从而直接关系到测定的灵敏度、精密度和基体等重要因素。根据火焰的温度和气氛，可以将火焰分为四种类型，即：贫燃火焰、化学计量火焰、发亮性火焰和富燃火焰。在实际工作中，一般通过试验来选择最佳的燃助比，通过固定助燃气流量，改变燃气流量，来绘制吸光度-燃助比曲线。应选择吸光度大而稳定的燃气流量以选出最佳燃助比。

5. 燃烧器观测高度的选择

自由原子在火焰的不同部位分布是不均匀的，只有使入射光束通过自由原子密度最高的区域才能获得最高的灵敏度。从理论上讲，火焰结构分四个区域：预热区、第一反应区、中间薄层区、第二反应区。在预热区，燃气被加热到着火温度；在第一反应区，火焰燃烧不充分，其中有一个蓝色的核心；在中间薄层区，火焰温度较高，厚度较小，是产生自由原子的主要区域；在第二反应区，火焰燃烧充分，反应产物扩散到大气中。为了获得较高的灵敏度并尽量避免干扰，需要对观测高度进行选择。

选择观测高度，要兼顾待测自由原子密度和干扰成分浓度两个方面，我们将观测高度大致分为三个部分：

① 过氧化焰区。离燃烧器缝口 6～12mm，火焰稳定，干扰少，对紫外线吸收较弱，灵敏度稍低，吸收线在紫外区的元素适用于这一高度。

② 中间区。离缝口 4～6mm，稳定性较差，温度稍低，干扰较多，但灵敏度高，适于铍、铅、硒、锡、铬等元素的测定。

③ 还原焰区。离缝口 4mm 以下，稳定性差，干扰多，对紫外线吸收强，灵敏度较高，适于长波段元素的测定。

总之，火焰原子吸收分析条件的选择，要通过试验的方法，经过多次测定、摸索，才能获得最佳的测定条件。

6. 石墨炉原子吸收光谱法最佳条件的选择

在石墨炉原子吸收光谱法中，灯电流、吸收线和光谱通带等条件的选择基本与火焰原子吸收光谱法一致，应当重点掌握石墨炉原子化条件的选择。

（1）干燥温度和时间的选择

干燥阶段的目的是蒸发样品溶剂，以蒸尽溶剂而又不发生迸溅为原则，一般选择略高于溶剂沸点的温度。斜坡升温有利于干燥。

（2）灰化温度和时间的选择

在灰化阶段，一方面要保证有足够的温度和时间使灰化完全，使背景吸收降到最低；另一方面又要选择尽可能低的灰化温度和最短灰化时间，以保证待测元素不受损失。在实际工作中，常采用测绘灰化温度曲线的方法来选择最佳灰化温度。

选择原则：在保证待测元素没有明显损失的前提下，尽量降低基体和背景的吸收干扰。

（3）原子化温度和时间的选择

原子化温度是由元素及其化合物自身的性质决定的。实际工作中，原子化温度通过试验绘制原子化温度曲线的方法来确定。

五、干扰及其消除方法

在原子吸收光谱法中，由于参与原子吸收的是基态原子，在热平衡状态下，基态原子的数目近似等于原子总数，光谱激发干扰可以忽略不计；进行原子吸收光谱分析时，使用的是锐线光源，应用分析线是共振吸收线，谱线之间的重叠和相互干扰的概率很小；原子吸收光谱中采用的是调制光源和交流放大器，可以消除直流发射的影响。因此，原子吸收光谱法的干扰小，而且易于克服。但是，在由试样转化为基态原子的过程中，不可避免地受到各种因素的影响，如原子在高温火焰下的电离、火焰吸收以及背景吸收等。因此，在原子吸收光谱法中干扰仍然存在，有些情况下的干扰甚至是相当严重的。

原子吸收光谱法中的干扰大致可分为两类：第一类是非光谱干扰，包括电离干扰、物理干扰和化学干扰等；第二类是光谱干扰，包括光谱干扰和背景吸收干扰，它引起待测元素的吸收强度发生变化，导致测量误差。

1. 电离干扰及其消除方法

电离干扰是由于自由原子在火焰中发生电离而引起的干扰，其减少了自由基态原子的浓度，使被测元素吸光度减小。

电离干扰是某些元素特有的。火焰温度越高，元素的电离电位越低，电离度也就越大。因此，对于电离电位低于6eV的元素来说，在火焰中容易发生电离，这种现象以碱金属和碱土金属尤为显著。

在原子吸收光谱法中，抑制电离干扰的方法如下：

① 改变火焰的类型和燃烧状态，使火焰温度降低。如在乙炔-一氧化二氮火焰中一些元素的电离干扰，在乙炔-空气火焰中几乎看不到。

② 加入消电离剂，使消电离剂优先被电离。如在乙炔-空气火焰中，要消除碱金属原子的电离干扰，可加$200 \times 10^{-6} \sim 500 \times 10^{-6}$的钾或铯盐。对乙炔-一氧化二氮火焰，碱金属和部分碱土金属几乎全部电离，要抑制这种干扰，常要加入高浓度的钾盐或铯盐。消电离剂的电离电位越低，消除电离干扰的效果越明显，常用的消电离剂是易电离的碱金属。

电离干扰还与溶液的提升量及燃气和助燃气的流量有关。当溶液的提升量增加时，火焰中溶液量增加，溶液蒸发而消耗大量热量，使火焰温度降低，电离度随之降低。另一方面，溶液量增加，自由基态原子数也会随之增加，从而使电离度降低而减少了电离干扰。

此外，标准加入法也可用于消除电离干扰。

2. 物理干扰及其消除方法

物理干扰是指试样在转移、蒸发和原子化过程中，因试样物理性质的变化而引起的原子吸收强度下降的效应。物理干扰是非选择性干扰，对试样溶液中各种元素的影响基本上是相同的。

在火焰原子吸收光谱法中，试样溶液的性质发生任何变化，都将直接或间接地影响原子吸收强度。当试液的黏度和雾化器压力有了变化时，就会直接影响进样速度；吸样毛细管的直径、长度和浸入试样溶液的深度，也将影响到进样速率，特别是使用全消耗型燃烧器时，进样速度的任何重大改变，都会直接影响火焰的温度；试样溶液表面张力的变化，影响雾珠和气溶胶粒子大小与分布以及雾化效率；溶剂的蒸气压也会影响试样溶液的蒸发速度和凝聚损失，导致进入火焰中的待测元素的原子数发生变化；大量基体元素的存在，要消耗大量的热量，而且在蒸发过程中，有可能包裹待测元素，延缓其蒸发，影响待测元素的原子化效率；另外，高盐含量可造成燃烧器缝隙的堵塞，改变燃烧器的工作特性。此外，有机溶剂效应在某些方面也可视为物理干扰效应，它既影响试样溶液的雾化效率，又影响雾珠和气溶胶在火焰中的蒸发和热解平衡。

在石墨炉原子吸收光谱法中，虽然不存在雾化过程的典型物理干扰，但进样量的大小和进样的位置却很重要。进样量过大，会使部分原子蒸气溢出原子吸收池外而不能参与原子吸收过程；进样位置的改变也会影响原子吸收信号的变化。保护气流速的变化，会影响自由基态原子在原子吸收区的平均滞留时间。在灰化过程中，待测元素与试样溶液中基体元素共挥发，或者低沸点元素如砷、镉、铅、硒等本身以元素形式挥发损失。待测元素也可能包裹在基体物质中，使其还来不及离解就在原子化阶段前移出石墨管，而不能参与原子吸收过程。

物理干扰所产生的作用与化学干扰一样，都将使单位体积内的基态原子总数受到影响。物理干扰通常是一种负干扰，也就是说，如果不包括有机溶剂作用的话，生成的基态原子总数总是会减少的。

消除物理干扰的方法一般有以下几种：

① 配制与被测试样溶液相似的标准溶液，是消除物理干扰最常用的方法。一般采用试样溶液稀释法，或把试样溶液的基体引入到标准溶液中。如果稀释试样溶液或者试样溶液与标准溶液的基体匹配难以实现，则可采用标准加入法以消除物理干扰。

② 在火焰原子吸收光谱法中，当试样溶液黏度、表面张力等物理性质变化范围大到对进样速率有明显影响时，可采用机械进样系统，以克服气动雾化系统因试样溶液物理性质变化而对进样速率的影响。

③ 在石墨炉原子吸收光谱法中，为了防止待测元素在灰化阶段的挥发和共挥发损失，可以使用基体改良剂，即在石墨管中加入某种试剂，在干燥和灰化过程中与待测元素生成难以挥发的化合物，或者用化学方法分离基体与待测元素。例如，砷在硝酸溶液中只能稳定在

600℃，加入镍后，可加热到1400℃；硝酸溶液中的镉在500℃时开始有挥发损失，加入氟化铵、硫酸铵或磷酸铵后生成相应的盐类，其灰化温度可提高到900℃；磷酸可以稳定铅，灰化温度可提高至1000℃而铅无损失。提高灰化温度有利于驱出基体，这对测定易挥发性元素具有实际意义。

3. 化学干扰及其消除方法

化学干扰是指试样溶液转化为自由基态原子的过程中，待测元素与其他组分之间的化学作用而产生的干扰效应，它主要影响待测元素化合物离解及其原子化。这种效应可以是正效应，提高原子吸收信号；也可以是负效应，降低原子吸收信号。化学干扰是一种选择性干扰，它不仅取决于待测元素与共存元素的性质，还与原子化条件密切相关。化学干扰是原子吸收光谱法的主要干扰来源，其产生的原因也是多方面的。

① 待测元素与共存元素之间形成热力学更稳定的化合物，使参与吸收的基态原子数减少。如在乙炔-空气火焰中，硅、磷酸根、硫酸根等对钙、镁的干扰也是由于待测元素与干扰元素之间形成难离解化合物的缘故。

② 自由基态原子自发地与环境中的其他原子或基团反应，导致参与吸收的基态原子数减少。这种类型的干扰，主要是自由基态原子与火焰的燃烧产物形成了氧化物（或氧化物根）和氢氧化物（或氢氧化物根），有时也是由于形成碳化物或氮化物所造成的。例如铝、硅、硼等元素难以在乙炔-空气火焰中测定；钛、锆、铪、钒、铌、钽等测定的灵敏度很低，其原因在于这些元素在火焰中形成很稳定的氧化物，降低了原子化效率。

在石墨炉原子吸收光谱法中，硼、镧、锆、钼等容易生成碳化物，使测定的灵敏度降低。特别是普通石墨管用久后逐渐变成多孔性的，待测元素渗入孔内，增加了形成碳化物的机会，不仅使灵敏度降低，而且还会出现"记忆"效应。当使用氮气做保护气时，钡、钼、钛容易形成氮化物，导致测定的灵敏度降低。

③ 试样溶液中的有机或无机基体与待测元素形成易挥发化合物，使参与吸收的基态原子数减少。在石墨炉原子吸收光谱法中，在灰化阶段，低沸点元素铝、镉容易直接以金属形式挥发损失；在有卤素离子存在的情况下，待测元素常以卤化物蒸发出去，造成待测元素进入原子化阶段的金属原子总数减少，灵敏度降低。另外，各种酸对测定也会产生干扰，这是由于待测元素形成了易挥发的化合物并以分子形式挥发，特别是高氯酸和硝酸，由于温度增高时盐类的炸裂，导致试样进入原子化阶段以前金属原子的损失。

此外，造成化学干扰的还有一些其他原因，如含量高的盐类存在会使信号降低等。

鉴于化学干扰的多样性和复杂性，其消除的方法也多种多样，主要有以下几种：

① 提高火焰的温度。这种方法往往能消除待测元素在原子化时遇到的化学干扰，即任何难离解的化合物在一定的高温下总是能离解成自由基态原子的。许多低温火焰中出现的干扰，改用高温火焰，便能得到完全或部分消除。例如，在乙炔-空气火焰中测定钙，有磷酸盐存在

时，由于磷酸根和钙形成稳定的磷酸钙而干扰钙的测定，而改用乙炔——氧化二氮火焰，这种干扰就能有效地被消除。

② 利用火焰气氛。对于易形成氧化物并且具有较大键能的元素，如果改变火焰气氛，采用富燃性火焰，则有利于这些元素的原子化。这是由于这种火焰中有很多半分解产物如 CN、CH、OH 等，它们都有可能抢夺氧化物中的氧而有利于待测元素的原子化。例如，测铬时，在乙炔-空气的富燃性火焰中，能提高测定的灵敏度。

③ 加入释放剂。待测元素和干扰元素在火焰中形成稳定的化合物时，加入另一种物质使之与干扰元素反应，生成更稳定或更难挥发的化合物，从而使待测元素从干扰元素的化合物中释放出来，加入的这种物质称为释放剂。常用的释放剂有氯化锶和氯化镧等。例如，磷酸盐干扰钙的测定，加入锶或镧后，由于锶或镧与磷酸根结合成更稳定的化合物而将钙释放出来，避免了钙与磷酸根结合，消除了磷酸根的干扰。

加入释放剂以消除干扰的方法，必须注意的是：加入的释放剂要达到一定量时才能起释放作用。但加入释放剂过多，可能会使吸收信号降低，这可能是释放剂形成某种难溶物，对待测元素起了包裹作用的结果。所以在选择释放剂时，既要考虑它的置换作用，又要避免包裹作用的发生。加入量的多少，应经过反复试验后才能确定。

④ 加入保护剂。保护剂可与待测元素形成稳定络合物，特别是多环螯合物的试剂。这样，加入保护剂就可以把待测元素保护起来，防止干扰物质与它发生作用。例如，加入 EDTA 能抑制磷酸对钙的干扰，就是由于钙与 EDTA 络合而不再与磷酸反应的结果。另一类保护剂是与干扰元素形成稳定络合物的试剂。由于干扰元素与之络合，待测元素则被保护起来而避免了干扰。例如，加入 8-羟基喹啉，使之与干扰元素铝形成螯合物，把干扰元素控制起来，从而抑制了铝对镁、钙的干扰。第三类保护剂是既能同待测元素又能同干扰元素形成稳定络合物的试剂，把待测元素与干扰元素都控制起来，从而避免了它们相互作用，消除了干扰。例如，铝对镁的干扰，加入保护剂 EDTA，EDTA 与铝、镁都起螯合作用，于是避免了干扰。

许多试验表明，保护剂与释放剂联合使用，消除干扰的效果更为显著。例如，甘油和高氯酸是消除铝对镁干扰的保护剂，而镧是一种释放剂，两者同时使用时获得了更好的消除干扰的效果。

⑤ 加入缓冲剂。假若干扰元素产生正干扰，或当高浓度的干扰物质存在时，不会使待测元素的吸收显著降低，那么，在标准溶液和试样溶液中可加入过量的干扰物质，使干扰效应达到饱和点，以消除或抑制干扰元素的影响，加入的这种过量的干扰物质就称为吸收缓冲剂。例如测钙时，在标准溶液和试样溶液中加入相当量的干扰元素钠或钾，可消除钠、钾的影响。应当指出，加入缓冲剂的量必须大于干扰元素干扰恒定的最低限量。这种方法的不足之处在于能够显著降低灵敏度。

⑥ 化学分离法。用化学方法将待测元素与干扰组分分开，这不仅可以消除干扰，也使待测元素得到富集，灵敏度得到提高。但是，化学分离法较麻烦费时，有时也会引起沾污和损

失。常用方法有萃取法、离子交换法和沉淀法等，以萃取法应用最广。这是由于它不仅起到富集待测元素和分离干扰元素的作用，而且可直接将有机相喷入火焰中进行测定，其测定灵敏度比一般水相提高 2~8 倍，个别元素甚至可高达 20 倍以上。

原子吸收光谱法中的萃取法，一般分为两种情况：

① 加入适当试剂与待测元素形成络合物，用有机试剂萃取后直接喷雾，或将萃取后的有机溶剂蒸发，制成水溶液后喷雾。在这种情况下，通常是以有机络合物形式进行萃取。

原子吸收光谱分析的萃取法中常用的螯合剂是吡咯烷二硫代氨基甲酸氨（APDC），它能与 30 多种元素生成金属螯合物，并且能在很广的 pH 范围内进行萃取。由于硝酸能分解 APDC，所以应避免使用这种酸。

为了萃取有机络合物并进行测定，必须选用能充分溶解络合物的溶剂（萃取剂）。甲基异丁基酮（MIBK）、醋酸乙酯、异戊醇等都可作为萃取剂，其中以甲基异丁基酮使用最广。

② 用有机溶剂萃取共存元素，喷雾水相来测定待测元素。例如测定铁中的镁时，可用甲基异丁基酮从盐酸中萃取除去铁，在水相中测定镁。用有机溶剂萃取除去主要成分的方法，在测定微量元素时往往有效。

4. 光谱干扰及其消除方法

光谱干扰是指光谱发射和吸收有关的干扰效应。在原子吸收光谱法中，光谱干扰总的来说比原子发射光谱要少得多，而且易于克服。光谱干扰有以下几种：在光谱通带内有一条以上的吸收线、在光谱通带内有光源发射非吸收线的多重线、吸收线重叠、分子吸收、光散射、样品池的发射。一般前三种情况是较常见的。

① 在光谱通带内有一条以上的吸收线产生的干扰。在理想的情况下，即在光谱通带内光源只产生一条参与吸收的发射线，这时不存在光谱干扰。如果在光谱通带内有几条发射线，而且都参与吸收，这时便产生光谱干扰。例如锰灯除发射最灵敏的吸收线 279.482nm 之外，还发射次灵敏线 279.827nm 和 280.106nm。当这三条线都在光谱通带内时，后两条谱线将干扰第一条谱线的测定。重吸收线的干扰在过渡元素（铁、钴、镍）比较多，当每条谱线的发射强度和吸收系数各不相同时，它们会对总的吸收强度做出不同的贡献。由于各多重线组分的吸收系数不一样，多重线其他各组分的吸收系数小于主吸收线的吸收系数，故测得的吸光度要小于只有一条吸收线时的吸光度。所以测得的吸光度要低一些，从而引入负干扰。

如果多重吸收线和主吸收线的波长相差不是很小，则可通过减小狭缝宽度的方法来消除这种干扰，但过小的狭缝宽度会使信噪比降低。如果多重吸收线与主吸收线之间的波长相差很小，则采用减小狭缝宽度以消除干扰是不可能的，必须另选吸收线。

② 在光谱通带内有非吸收线的干扰。当有非吸收线出现在光谱通带内时，会降低测定的灵敏度和引起标准曲线弯曲。

消除这种干扰的方法是减小狭缝宽度，使光谱通带小到足以分开非吸收线；或者在火焰中喷入待测元素的浓溶液，使共振线完全被吸收，而透过的光则为非吸收光，然后将非吸收线引起的残留响应读数调零。

③ 吸收线重叠干扰。几种元素的吸收线有相互重叠或十分接近的情况。如果试样溶液中有谱线重叠或接近的两种元素，无论测定其中哪一种元素，另一种元素都将可能产生干扰。这种干扰使吸光度增加，造成正误差。例如，以 Fe 217.905nm 测定铁的吸收时，由于 Pt 217.904nm 的干扰，造成吸光度增加。谱线重叠干扰的大小，取决于谱线重叠的程度、干扰线的吸收系数和吸收光程内干扰元素的原子数目。

当两种元素的吸收线波长差小于 0.03nm 时，则认为重叠干扰是严重的。如果重叠的吸收线都是灵敏线时，即使相差 0.1~0.2nm，干扰也会明显地表现出来。当然这种干扰大小还与仪器的分辨率、使用的光谱通带宽度和干扰元素浓度有关。在谱线重叠干扰中，最好采用其他吸收线以消除干扰。

5. 背景干扰及其消除方法

背景干扰是光谱干扰的一种特殊形式，包括分子吸收干扰和光散射干扰。背景干扰的结果是使吸收值增高，产生正误差。

（1）分子吸收干扰

分子吸收干扰是指试样在原子化过程中生成的气体分子、氧化物、氢氧化物和盐类等分子对辐射吸收引起的干扰。分子吸收是一种宽带吸收，属选择性干扰，不同的化合物有不同的吸收光谱。例如 $Mg(OH)_2$ 在 360~390nm 吸收带干扰 Cr357.9nm 的测定。

在原子吸收光谱法中，通常碰到的分子吸收干扰有三类：

① 碱金属卤化物的分子吸收干扰。碱金属的卤化物在紫外区有很强的分子吸收。例如，KBr、KI 在 200~400nm 都有分子吸收带，它干扰 Zn 213.9nm、Cd 228.8nm、Ni 232.0nm、Fe 248.3nm、Hg 253.7nm、Pb 283.3nm、Mg 285.2nm 和 Cu 324.7nm 等元素的测定。

② 无机酸的分子吸收干扰。不同的无机酸有不同的分子吸收，在 250.0nm 以下，硫酸、磷酸有很强的分子吸收，吸收程度随酸的浓度增大而增大；而硝酸、盐酸的分子吸收很小。因此，在原子吸收分析中，大多采用硝酸或盐酸，尽可能少用硫酸和磷酸。

分子吸收除与干扰元素的浓度有关外（浓度越高，分子吸收越强），还与火焰温度有关。例如，碱金属卤化物，在低温的煤气-空气火焰中存在分子吸收，而在温度较高的乙炔-空气火焰中却观察不到分子吸收。因此，使用高温火焰是消除分子吸收干扰较为简单易行的方法。

③ 火焰气体分子吸收干扰。火焰中的一些产物或半分解产物，如 OH、CN、CH、C 等，都可产生分子吸收，如 OH 常出现 308.99~330.0nm 的谱带，它干扰 Ba 306.77nm、V 318.54nm、Cu 324.7nm 及 Ag 328.07nm；OH 281.13~306.3nm 谱带干扰 Mg 285.21nm 的测定。

火焰气体分子吸收与波长有关，波长越短，火焰气体分子吸收越强。对乙炔-空气而言，波长低于 230.0nm，火焰即有明显的吸收。

火焰气体分子吸收还与火焰类型、状态有关。例如乙炔–空气火焰的气体分子吸收大于氢气–空气火焰气体分子吸收；氢气–氩气火焰的气体分子吸收最小。在同种类型的不同火焰状态中，以还原气氛浓的富燃性火焰状态气体分子吸收干扰为大。

对于气体分子吸收干扰，一般采用零点扣除（调零）的方法消除，但干扰严重时会影响稳定性。为了减少火焰气体分子吸收，保证有较好的测量精度，测定像砷、硒、锌、镉等最灵敏吸收线在短波段的元素时，可选用氢气–空气火焰或氢气–氩气火焰。

在石墨炉原子吸收光谱法中，以氮气作保护气，当石墨炉温度达到 2600℃时，会出现很强的 CN 分子吸收和发射光谱，如改用氩气作保护气，则可避免这种干扰。

（2）光散射干扰

光散射干扰是指在原子化过程中产生的固体微粒对入射光产生散射作用，被散射的光偏离光路，使检测器接受的光强减小，测得的吸光度偏高，造成一种"假吸收"效应。

根据雷利（Rayleigk）的理论，散射效应与单位体积内散射质点数目、体积的平方成正比，与波长的四次方成反比，即增大质点颗粒或减小波长都会大大增强光散射效应。因此，光散射对吸收线位于短波段的元素砷、硒、镉、铅、锌等的测定影响较大，特别是基体浓度增高时，使用长光程、富燃性火焰或全消耗型火焰，光散射引起的干扰会更加明显。

光散射和分子吸收引起的背景吸收干扰产生于石墨炉无火焰原子化法，但是，当溶液浓度很高时，在火焰原子化法中也会出现光散射和分子吸收干扰。

在原子吸收光谱法中，分子吸收和光散射所引起的后果是相同的，都会产生"假吸收"，使测定结果偏高。因此，必须寻找行之有效的方法以校正和扣除背景。

（3）扣除背景干扰的方法

①非吸收线扣除背景。用于测定背景吸收的非吸收线，是不能被待测元素的基态原子所吸收，而能被背景吸收的吸收线。因此，从待测元素的吸光度减去非吸收线测得的吸光度，其差值就是原子吸收部分，从而达到扣除背景吸收的目的。选用非吸收线的原则是：必须证实选用的是非吸收线；选用非吸收线的波长应尽可能靠近吸收线的波长，一般两者相差在 10.0nm 以内为宜；光源发射的非吸收线必须有足够的强度，以保证有较好的信噪比。

选用的非吸收线，可以是待测元素本身，也可以是其他元素的非吸收线。前者操作方便，不需要更换光源，只要改变波长即可，但一般不易找到这种合适的非吸收线供扣除背景时选用。非吸收线扣除背景的方法，多用于没有安装背景校正器的单光束型仪器。

②用其他元素的吸收线扣除背景。用其他元素的吸收线扣除背景，首先必须证实被测试样溶液中没有哪种元素，否则，结果将不准确。例如，用 Pb 217.0nm 测定铅时，当试样溶液中没有锑时，则可用 Sb 217.6nm 测定背景吸收，然后从铅的吸光度中减去锑测得的吸光度，即为铅的原子吸收。

③用"空白溶液"扣除背景的方法。配制不含待测元素的基体溶液，在测定条件相同的情况下测定背景吸收，然后从待测元素的总吸收值中减去背景吸收。即得到待测元素的原子吸

收。这种扣背景的方法，测定准确，但程序烦琐。此外，也可使用与试样溶液有相似成分的标准溶液绘制标准曲线的方法来抵消背景吸收的干扰。但是，采用这种方法时，必须准确找出背景吸收的主要成分，然后配制相同成分的标准溶液。例如，在测定人体组织灰分中的锌时，发现背景吸收的来源是加入释放剂镧。因此，只要保持标准溶液和试样溶液中镧的一致，就可以消除由此产生的背景吸收。

④ 用连续光源扣除背景的方法。前文已述及，背景吸收主要来源于分子吸收和光散射。而分子吸收是宽带吸收，原子吸收是窄带吸收。因此，当氘灯辐射光（连续光谱）通过火焰时，只产生背景吸收，原子吸收部分可以忽略不计（≤1%）；当待测元素的空心阴极灯辐射光（锐线光谱）通过火焰时，既产生原子吸收，又产生背景吸收。如果将空心阴极灯和氘灯辐射光都通过火焰，利用电子线路装置，将空心阴极灯的吸收信号（原子吸收加背景吸收）与氘灯信号（背景吸收）进行比较，便可得到扣除背景吸收后的原子吸收信号，这种装置称为"氘灯背景校正器"。

使用氘灯背景校正器扣除背景，在操作时应同时点亮空心阴极灯和氘灯，通过切光器使各自的光交替地经过原子蒸气，分别检测对光的吸收，进行背景校正。

氘灯背景校正器的背景校正装置属于单道单光束型，氘灯相当于参比光束信号。为得到准确的背景吸收校正值，要求氘灯和元素灯发出的两束光必须重合，特别是石墨炉原子化器，其背景分布不均匀，且随时间而变化，两束光如不完全重合，扣除背景的效果就会不理想。同时，要求氘灯充分预热光强达到稳定后再进行测定。

氘灯背景校正器背景校正能力较好，如 P-E、瓦里安、GBC 的仪器能校正 2ABS 的背景，可在 430nm 波长范围内发挥作用，但超出这个范围，扣除背景的效果仍是不明显的。

如果仪器没有自动扣除背景装置，其操作方法是：先将待测元素用空心阴极灯测定原子吸收和背景吸收的总吸光度 A，再用氘灯在同一波长或分析线附近测定背景吸收 $A_背$，两次测定值之差即为待测元素的吸光度。

⑤ 塞曼效应扣除背景。所谓塞曼效应是指光源在强磁场作用下，使其发射的光谱线发生分裂的现象。电子在绕核运动时，形成一个环形电流，相应会产生一个磁矩，当外加一个强磁场时，由于磁场相互作用，致使电子运动发生一定的变化，出现几种不同的运动状态，跃迁时会造成谱线分裂的现象。这种利用强磁场使原子谱线发生分裂的效应称为"塞曼效应"。

在外磁场作用下，简单原子谱线通常分裂为由一个 π 分量和两个 σ 分量组成的三重线。π 线平行于磁场作分析线，测得原子吸收和背景吸收值。σ+、σ- 偏振方向垂直于磁场，作参比线，测得背景吸收值，二者相减即得原子吸收信号。以此扣除背景的装置即为正常塞曼效应扣除背景装置。π 分量与外磁场方向平行。

六、原子吸收光谱分析方法

原子吸收光谱分析常用的方法有标准曲线法、标准加入法、内标法和浓度直读法。其中标准曲线法是最基本、最常用的定量分析方法。

1. 标准曲线法

原子吸收光谱分析法是一种相对的分析方法，需要将分析信号与被测元素的含量用一个关系式联系起来，而校正曲线就起到了这样一个作用，其表达式称为朗伯-比尔定律，见式（5-5）：

$$A = kbc \tag{5-5}$$

式中　A——样品中所测元素的吸光度；

　　　k——常数；

　　　b——吸收层厚度；

　　　c——样品中所测元素的浓度。

上式表示在一定范围内，样品的吸光度与样品中所测元素的浓度成正比。通过配制一系列与试样溶液组成相近的不同浓度的标准曲线，测量其吸光度 A，绘制吸光度对浓度的标准曲线。在同样条件下，测定样品的吸光度 A_x，然后在标准曲线上查出样品中待测元素的浓度 c_{xe}。

2. 标准加入法

标准曲线法的一个必要条件是标准系列与样品的基体相匹配，但在实际分析过程中，样品的基体与组成非常复杂，要找到与样品组成完全匹配的标准物质是相当困难的，而标准加入法则可以自动进行基体匹配，达到准确测定的目的。

标准加入法的操作是：将不同量的标准溶液（c_0，c_1，c_2，c_3，c_4，c_5 等）加到几份等量的被测样品中，依次在标准条件下测定其吸光度（A_0，A_1，A_2，A_3，A_4，A_5 等），以加入标准溶液量为横坐标，吸光度为纵坐标绘制校正曲线。

3. 内标法

内标法是在标准溶液和试样溶液中分别加入一定量的内标元素，测定标准溶液中待测元素和内标元素的吸光度比值 D，以 D 对应标准溶液待测元素的质量绘制校正曲线，然后测定试样溶液中待测元素和内标元素的吸光度比值 D_x，以所测得的吸光度从校正曲线上求得试样中被测元素含量。

4. 浓度直读法

浓度直读法的基础是标准曲线法，其实质是用一个标准点与原点绘制标准曲线，然后将标准曲线预先存于仪器中，以后只要测定了试样的吸光度，仪器就会自动根据已存于仪器中的校正曲线计算出试样中被测元素的含量。浓度直读法的优点是速度快，但由于各种试样的不同，试验条件的变化，其测定的准确度难于保证，不如标准曲线法和标准加入法。

任务三　原子荧光光谱法

一、原理及特点

1. 基本原理

原子荧光是原子蒸气受具有特征波长的光源照射后，其中一些自由原子被激发跃迁到较高能态，然后去活化回到某一较低能态（常常是基态）而发射出特征光谱的物理现象，根据原子荧光强度的高低可测得试样中待测元素含量，这就是原子荧光光谱法。

原子荧光光谱法最成功的应用是氢化物发生-原子荧光光谱法（HG-AFS）。

氢化物发生-原子荧光光谱法是将分析元素转化为气态氢化物后，引入到特殊设计的石英炉中，并被原子化，然后由载气将其导入原子荧光光谱仪中进行检测。

2. 特点

① 分析元素能够与可能引起干扰的样品基体分离，消除了干扰。

② 与溶液直接喷雾进样相比，氢化物能将待测元素充分预富集，其进样效率近乎 100%。

③ 连续氢化物发生装置易于实现自动化。

④ 不同价态的元素氢化物发生实现的条件不同，可进行价态分析。

二、原子荧光光谱仪的构造及性能

原子荧光光谱法的仪器装置由三个主要部分所组成，即激发光源、原子化器以及检测部分。检测部分主要包括分光系统（非必需）、光电转换装置以及放大系统和输出装置。

1. 激发光源

激发光源是原子荧光光谱仪的主要组成部分，一个理想的光源应当具有以下条件：

① 强度高，无自吸。

② 稳定性好，噪声小。

③ 辐射光谱重复性好，发射谱线纯度高。

④ 适用于大多数元素。

⑤ 价格便宜，寿命长。

2. 原子化器

原子化器应具有以下特点：
① 具有较高的原子化效率，并且在光路中原子有较长的寿命。
② 没有化学或物理干扰。
③ 在测量波长处没有或具有较低的背景发射。
④ 稳定性好。
⑤ 为获得最大的荧光量子效率，不应含有高浓度的猝灭剂。

3. 分光系统

在原子荧光光谱仪中，目前有色散系统和非色散系统两类商品仪器。在色散系统中，被激发出的原子荧光经单色器分光后由光电倍增管（PMT）转变为电信号后再进行检测，信号经放大后由数据处理系统进行处理。

目前使用的大多是非色散系统的原子荧光光谱仪，由于没有单色器，为了防止实验室光线的影响，一般采用工作波段为 160~320nm 的日盲光电倍增管。

4. 检测系统

由于电子技术的迅速发展，各种高性能的集成元件层出不穷，因而原子荧光光谱仪电子检测线路也不断有所改进，有关这部分内容可参考原子荧光光谱仪使用说明书。

三、氢化物发生-原子荧光光谱仪（HG-AFS）的分析条件的选择

尽管原子荧光光谱分析发展了多年，但其最成功的应用还是分析易形成气态氢化物的元素。因此，原子荧光光谱分析的重点是氢化物发生-原子荧光光谱分析法的联用。

1. 氢化物的发生

氢化物发生方法可以大致归纳为三种模式：金属酸还原体系、硼氢化钠-酸（或碱）还原体系以及电解发生。

硼氢化钠-酸还原体系是目前常用的体系，这是由于该体系不仅克服或大大减少了金属-酸还原体系的缺点，而且还在还原能力、反应速度、自动化操作水平、干扰程度以及适用元素种类等方面表现出了极大的优越性。在这种体系中，含有分析元素（以一定的价态存在）的酸性溶液与含有一定 NaOH 的 $NaBH_4$ 溶液反应而生成相应的氢化物（或其他挥发性物）。

最近提出的从碱性溶液中进行氢化物发生的方案是在含有分析元素的碱性溶液中加入 KBH_4 溶液，所得到的溶液与酸反应而生成氢化物。此种方案的样品可以用碱溶液处理，而且能形成氢化物的元素可以在碱性介质中溶解的情况下有时是有利的，例如 Sn 及 Ge 的测定，因

为 Cu、Ni 等干扰元素在此介质中可沉淀为氢氧化物而被分离。除此以外，利用碱性方案的某些特点也有可能进行价态分析，例如 Te^{4+} 及 Te^{6+} 的分别测定。

从氢化物的发生技术来看，目前主要有以下几类：

① 间断法。在发生器中加入分析溶液，通过电磁阀或其他方法控制 KBH_4 溶液的加入量，并可自动将清洗水喷洒在发生器的内壁进行清洗，载气由支管导入发生器底部，利用载气搅拌溶液以加速氢化反应并将生成的氢化物导入原子化器中。测定结束后将废液倒出，洗净发生器，再按相同条件进行第二个样品的测定，由于整个操作是间断进行的，故称为间断法。这种方法的优点是装置简单、灵敏度（峰高方式）较高。缺点是液相干扰较严重、对于那些对反应酸度要求较高的元素难以获得较高的发生效率、重现性较差（RSD 为 3%~5%）、难以实现自动化等。

② 连续流动法。连续流动法是将样品溶液和 KBH_4 溶液由蠕动泵以一定的速度在聚四氟乙烯管道中流动并在混合器中混合，然后通过气液分离器将生成的气态氢化物导入原子化器，同时排出废液。采用这种方法所获得的是连续信号。这种方法精密度好（RSD 为 1%~2%）、装置简单、液相干扰少、易于实现自动化。由于溶液是连续流动进行反应的，样品与还原剂之间严格按照一定的比例混合，故对反应酸度要求很高的那些元素也能得到很好的测定精密度和较高的发生效率。连续流动法的缺点是样品及试剂的消耗量较大，清洗时间较长。

③ 断续流动法。针对连续流动法的不足，又出现了断续流动法。它的结构几乎和连续流动法一样，只是在氢化物发生装置中增加了存样环。其仪器由微机控制，按下述步骤进行：第一步，蠕动泵转动一定的时间（约为 8s），样品被吸入并存储在存样环中，但未进入混合器中。与此同时，KBH_4 溶液也被吸入相应的管道中；第二步，泵停止运转 5s，以便操作者将吸样管放进载流中；第三步，泵高速转动，载流迅速将样品送入混合器，使其与 KBH_4 反应，所生成的氢化物经气液分离后进入原子化器中。断续流动法不仅采样量小（或根据样品含量不同灵活改变采样量）、试剂消耗量少，而且可以用一个标准溶液制作工作曲线。

④ 流动注射法。流动注射法与连续流动法相似，只是样品溶液经过采样阀定量注射到载流中，其优点是自动化程度高、精密度好，其缺点是价格较贵。

2. 仪器参数的选择

（1）光源

原子荧光光谱仪所用的光源为特殊设计的空心阴极灯，这种灯发射的辐射光不含有其他可形成氢化物元素的谱线，而且在结构上也有其特点，以便承受高脉冲电流的冲击，因此原子吸收光谱仪使用的空心阴极灯原则上不适用于原子荧光光谱分析。

在荧光屏上显示空心阴极灯的电流为脉冲电流值，根据不同的灵敏度要求用户可以选择不同的灯电流。选择过大的灯电流将会缩短灯的寿命，在某些情况下也有可能造成工作曲线的弯曲。另外，还应注意调整灯的位置，使辐射光正确通过石英炉的上方，以保证最佳测量灵敏度。

（2）光电倍增管

由于目前生产的原子荧光光度计大多为无色散系统，因而仪器采用日盲光电倍增管来检测原子荧光信号。日盲光电倍增管采用碲化铯光电阴极，其阈值波长为350nm，对可见光无反应，尽管如此，仍不应把仪器安装在日光直射或光亮处。当采用较高的负高压时应注意室内光线对基线的影响。

由于光电倍增管负高压增加时，信号及噪声同时增加，因此，在灵敏度可以满足要求时尽可能采用较低的高压。

对于主要荧光光线大于350nm的元素如铅、铋等，采用干涉滤光片及锑铯光电阴极的光电倍增管可能会改善测定灵敏度。但总的来说，日盲光电倍增管可以满足包括上述两种元素在内的一般灵敏度要求。除非在非常特殊的情况下，才需要更换倍增管。

（3）石英炉原子化器

石英炉原子化器的主要任务是使氢化物分解并原子化。石英炉具有外屏蔽气，它可以防止周围大气的渗入，从而保证了较高以及稳定的荧光效率。一般屏蔽气量可采用1000~1200mL/min。载气的作用在于将氢化物带入石英炉的内管，过高的载气量会冲稀原子浓度，过低的流速则难以迅速将氢化物带入石英炉，一般可选用300~700mL/min。

石英炉的温度至少应维持在能够将氩氢焰气点燃的程度。可以在氢化物发生时用肉眼观察石英炉炉口是否有小火焰（因氩氢焰近于无色，观察时应特别注意），如果没有火焰则炉温过低。若火焰虽能点燃，但漂浮在石英炉口一段处则炉温偏高，过高的炉温会使灵敏度降低并增加噪声。因此，一般情况下可采用750~800℃的炉温。但必须注意的是在分析复杂样品时，特别是存在气相干扰时（存在其他可形成氢化物元素时）较高的温度有利于克服气相干扰。对汞的测定可以采用300℃左右的炉温以防止微粒水珠产生散射干扰，过高的温度会降低灵敏度。

光束离开石英炉炉口距离（简称炉高）也是一个重要参数。过小的距离将导致气相干扰，同时由于光源射到炉口所引起的反射光过强（表现为较高空白强度）而使检出限变坏。因此，一般不推荐采用小于5mm的炉高。过高的炉高会导致灵敏度的下降，其下降的程度取决于该分析元素氢化物的离解能，例如铋的灵敏度随炉高增大而下降的趋势就比砷慢得多。过高的炉高还会降低测定精度，这是由于光束照射在尾焰上，而尾焰的体积较小并且较易晃动。综上所述，一般建议的炉高为6~8mm。

（4）其他参数

在氢化物发生-原子荧光光谱仪中，信号的测量有峰面积和峰高两种方法。由于峰面积测量法具有更好的测量精密度，因此为一般分析常用，而在试样基体较复杂时，可使用峰高测量的方法。

此外，由于氢化物的传输和原子化均需要一定的时间，因此，读数延迟时间和积分时间也是原子荧光光谱分析中较重要的参数，一般选择读数延迟时间为1~2s，积分时间为8~10s。

四、氢化物发生-原子荧光光谱仪（HG-AFS）分析方法的建立

1. 样品的预处理

在样品的处理过程中必须考虑下述问题：

① 所用的处理方法要保证被测元素的完全分解。

② 在处理过程中不应造成被测元素的损失。例如，在锗的测定中不能应用盐酸处理，否则锗将以四氯化锗的形式而挥发造成损失。

③ 所用的试剂必须事先检查空白。

④ 对于某些具有二性的可形成氢化物元素，如锡或锗也可采用碱性发生的方式，即将样品碱溶后用水提取并抽滤，在滤液中加入硼氢化钾溶液，然后将此溶液与酸反应生成氢化物。这种方法的优点是铜、镍等元素可以分离，但应注意沉淀对被测元素的吸附。

⑤ 最终的酸度及介质要符合被测元素发生氢化物反应的要求。一般来说不要采用硝酸或王水溶液（Hg 例外）。

⑥ 样品溶液的最终体积可以为 25mL 或 50mL。采用断续流动法时每次测定样品消耗量一般不超过 1mL，采用间断法时一般为 2mL。

2. 最佳反应介质的建立

样品处理后必须在氢化物发生之前将溶液调整到被测元素的最佳反应介质。当然，最好的情况是在样品处理并定容后溶液已经处于最佳的反应酸度，被测元素也处于合适的价态。

需要注意的是 6 价的硒及锑在酸性介质中不与硼氢化钾反应，硒的测定需要将其还原至 4 价，而锑的测定需要将其还原至 3 价。

除了酸度及价态外，某些元素如镉及锌需要加一些辅助试剂以促进挥发性物质的产生。

3. 干扰的考虑

要成功分析样品中某一个元素，必须充分考虑可能存在的干扰。在考虑干扰问题时应注意以下几个方面：

① 所用灯光源必须有足够的光谱纯度。

② 对分析对象的基本成分应当有一个粗略的了解，以便估计干扰是否存在。

③ 液相干扰主要来自铜、镍、钴、贵金属等元素，克服这些干扰的一般方法为：调高反应酸度、加入掩蔽剂、加入铁盐（Fe^{3+}）、用断续流动或流动注射法来发生氢化物、分离。

④ 气相干扰，一般应注意以下各点以消除干扰：阻止干扰元素生成气态化合物、如果干扰元素已经生成气态化合物则应在传输过程加以吸收、提高石英炉温度。

⑤ 当灵敏度已经可以满足要求时，应尽量少取样品以减少共存干扰元素的绝对量。必要

时也可将母液稀释后再测定。

⑥ 为了保证方法的可靠性，在方法制定过程中必须对试剂样品做回收率试验。

4. 工作曲线的建立

可以按标准条件所建议的标准系列绘制工作曲线，也可按原子荧光光度计所提供的各种数学模式来拟合工作曲线以便获得最佳测量结果。一般应注意以下几点：

① 原子荧光光谱法属于一种微量分析方法，因而不应当用太高的标准系列，否则所得到的将是一条难以拟合的严重弯曲的工作曲线。

② 在样品分析时，标准系列的介质应和样品完全一致，同时必须带有空白。

③ 对于组成十分复杂的样品应当采用标准加入法。应当注意的是此时空白的含量应当是从纯溶液所作的工作曲线上查出的含量，然后从样品含量中扣除。绝对不要采用样品荧光强度减去空白荧光强度，然后查工作曲线的错误方法。

④ 在工作时有时会出现空白荧光强度大于样品强度的情况，这是因为空白溶液中不存在基体干扰。

5. 分析过程中其他要注意的问题

（1）污染

在进行氢化物发生-原子荧光光谱分析时，必须注意各种污染的可能性。这些污染主要来自器皿、试剂以及操作者本身。为了防止污染必须注意以下几个方面：

① 在分析过程中必须采用蒸馏水或去离子水，去离子水必须保存在惰性的塑料容器中，取用时应通过塑料管。某些玻璃器皿有可能含有极少量的砷、锑等元素，使用时一定要注意。锌存在于各种材料之中，例如胶皮管中，因此在进行锌的测定时，必须特别注意锌的污染。

② 用于处理样品的化学试剂是造成污染的重要原因，因此，必须采用有足够纯度的酸（碱）或在必要时在使用前对其进行提纯。盐酸中常含有砷，而硫酸中常含有硒，当测定痕量的砷或硒时都要注意这些试剂可能带来的影响。为此，应在检测前对所用的酸进行杂质的检查。

③ 手在操作时要特别注意不要污染溶液，对样品之间由于浓度相差太大而造成交叉污染的情况也必须注意。因此，样品和载液的交叉测定中，中间必须用去离子水清洗。

（2）标准溶液

应当配备浓度为 1mg/mL 的母液以便长期储藏。必须注意所配的标准溶液中被测元素的价态，在制作标准工作曲线时必须按规定的步骤加入各种试剂（如还原剂等），以保证被测元素的价态与反应所要求的价态相一致。$1\mu g/mL$ 的工作溶液必须现用现配，溶液中必须维持一定的酸度，以增强溶液的稳定性。更稀的工作溶液用水或稀酸稀释时必须保证所用的水及酸中不含被测元素。对于锡、铅、镉、锌等对反应酸度要求很高的元素，在配制工作系列时应考虑加入浓的标准液时带入的酸度。

为了增加汞的标准溶液的稳定性，应保持溶液为 1% HNO_3 的酸度，并加 $K_2Cr_2O_7$ 溶液（0.05%）保护，存储汞的容器最好是硬质玻璃或聚四氟乙烯瓶。

（3）试剂

① 硼氢化钾（或钠）溶液。硼氢化钾（或钠盐）必须有足够的纯度，所配制的硼氢化钾（或钠）溶液必须含有一定量的氢氧化钾（或钠）以保证溶液的稳定性。具体的做法为先将所需的氢氧化钾溶于水中，然后再将硼氢化钾溶于含有氢氧化钾的水中。氢氧化钾的浓度一般为 0.5%~1%，过低的浓度不能有效地防止硼氢化钾的分解。必须注意的是对于锡、铅等对反应酸度要求很严格的元素的测定，离开氢氧化钾及硼氢化钾的浓度来讨论最佳酸度是毫无意义的。为此，在配制用于测定这些元素的还原剂溶液时必须准确称取硼氢化钾及氢氧化钾的量。

硼氢化钾（或钠）溶液应放在外面带有黑罩的塑料瓶中，直接阳光照射将引起还原剂的分解并产生气泡，影响测定精度。如发现溶液有浑浊物时必须过滤后才能使用（最好用玻璃坩埚抽滤）。所用的溶液要现用现配，不得使用隔天剩余的还原剂。

硼氢化钾和硼氢化钠一般可以互相代替使用，但因钾盐分子量较大，故应进行浓度的换算以保持硼氢根的量相一致（即 3% 的硼氢化钾溶液相当于 2.1% 的硼氢化钠溶液，其换算系数为 0.7）。在某些特殊情况下，例如在锌的测定时，采用钾盐所取得的效果要比钠盐好，故建议采用钾盐。未用完的硼氢化钾溶液放入低于 10℃ 的冰箱中保存，最长时间只能保存一周，过期不能再用。

② 酸。所用的酸必须检查以确定其中是否含有被测元素，如有，则在必要时必须进行提纯。

任务四　气相色谱法

一、概述

气相色谱法是一种以气体为流动相的柱色谱分离分析方法，它利用各种物质在两相中具有不同的分配系数，当两相作相对运动时，这些物质在两相中进行反复多次的分配以达到分离的目的。

1906 年，俄国化学家茨维特（Tsweet）成功分离叶绿素，提出了"色谱"的概念。在二十世纪五十年代，英国生物化学家在研究液液分配色谱的基础上，创立了一种极有效的分离方法，它可分析和分离复杂的多组分混合物，这就是气相色谱法。在气相色谱法创立初期，主要用于低分子量、易挥发有机化合物的分析。由于其原理简单，操作方便，具有分离效率高、灵敏度高、分析速度快及应用范围广等特点，所以其在创立后发展很快，在全部可供分析的有机化合物对象中，有 20% 的物质可用作气相色谱分析。

随着现代气相色谱仪的发展，由于采用了高灵敏度的检测器、高分离度的毛细管色谱柱、高速度的数据处理系统以及多种前处理技术，使得气相色谱的应用范围越来越广，检测下限越来越低，是痕量分析不可缺少的工具之一。目前，在化妆品检测中涉及的气相色谱的项目有香精香料主含量分析、苯胺类染发剂分析、甲醇分析等，气相色谱法已成为化妆品检测中必不可少的方法之一。气相色谱法在化妆品检测中的应用有如下特点：

① 分离效率高。应用毛细管色谱柱柱效可达几十万理论板数，一次可以完成含上百个香气成分的香精香料的分析。

② 分析速度快。一般用几分钟到几十分钟就可进行一次复杂样品的分离和分析，一些先进的色谱仪都带有较完善的数据处理系统，可以做到分析结束后即可计算出结果。

③ 灵敏度高。可测定 $10^{-14} \sim 10^{-12}$ g 微量组分。

④ 高选择性。通过选用高选择性的固定液，使各组分间的分配系数有较大的差别，可以对极性相似的化合物有较强的分离能力。

二、气相色谱法的基本概念

（一）常用术语

① 基线。操作条件稳定后，无样品通过时检测器反映的信号–时间曲线称为基线。稳定的基线是一条水平直线。

② 保留时间 （t_R）。组分从进样到出现峰最大值所需的时间。

③ 死时间 （t_M）。不被固定相滞留的组分，从进样到出现峰最大值所需的时间。它是流动相经进样室、色谱柱、检测器所需要的时间。

④ 调整保留时间 （t_R'）。保留时间减去死时间的保留时间，即组分保留在固定相内的总时间。

⑤ 峰面积 （A）。峰与峰底之间的面积，即组分的流出曲线和基线间所包含的面积。

⑥ 峰高 （h）。从峰最大值到峰底的垂直距离。

色谱示意图如图 5-1 所示。

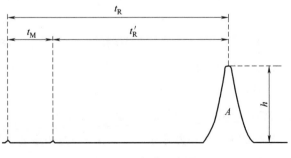

图 5-1 色谱示意图

（二）塔板理论

1. 塔板模型的假设

塔板理论是将色谱柱设想成一个分馏塔，由许多液-液萃取单元或理论塔板所组成，将色谱分离看作是一个分配平衡过程。

2. 理论板数的计算

理论板数 n 是柱效率的主要指标，塔板数越大，分离效率越高。其计算方法见式（5-6）：

$$n = 5.54\left(\frac{t_R}{W_{h/2}}\right)^2 = 16\left(\frac{t'_R}{W}\right)^2 \tag{5-6}$$

式中　n——理论板数；

　　　t_R——保留时间；

　　$W_{h/2}$——半高峰宽；

　　　W——峰宽，$W = 4\sigma$。

（三）速率理论

1956年，荷兰的范第姆特（Van Deemter）等人在总结前人工作的基础上，推导出一个把理论板高（H）和载气流速联系在一起的公式（5-7），并在方程式中包括了在柱中纵向扩散和传质阻力对理论板高影响的定量关系。这一关系叫范第姆特方程式，即速率理论。

$$H = A + \frac{B}{\bar{u}} + C\bar{u} \tag{5-7}$$

式中　A——涡流扩散项；

　　$B/\bar{u}$——纵向扩散项，或叫分子扩散项；

　　$C\bar{u}$——传质阻力项；

　　　$\bar{u}$——载气的平均流速。

理解范第姆特方程式对优化色谱条件，提高色谱分离十分有益。通过范第姆特方程式，可以得出以下结论：

① 固定相颗粒越小，填充越均匀，涡流扩散项越小，板高越小，柱效越高。表现在涡流扩散所引起的色谱峰变宽现象减轻，色谱峰较窄。毛细管色谱柱无填料时，A 项为零。

② 选择适当的流速。虽然流速越快，分子在柱内的滞留时间越短，可以减少纵向扩散项的影响，但大的流速会增加传质阻力项，反而使色谱峰变宽。

③ 改善传质过程。过高的吸附作用力可导致严重的峰展宽和拖尾，甚至不可逆吸附。

④ 较小的检测器死体积可减小峰宽。

在实际工作中，为缩短分析时间，提高工作效率，在进行多组分分析时，常常会采取一些折中的试验条件，做到几者兼顾。

三、气相色谱仪

国内外气相色谱仪型号繁多，性能各异，可用于各行各业，它们都是由气路系统、进样系统、分离系统（色谱柱）、温度控制系统和检测系统（检测器）等部分组成。如图5-2所示。

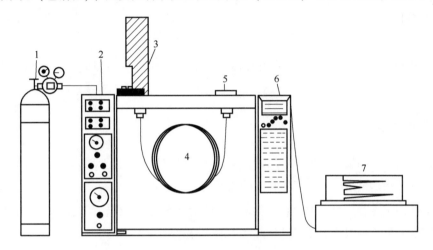

1—载气；2—气路系统；3—进样系统；4—色谱柱；

5—检测系统；6—温度控制系统；7—数据处理系统。

图5-2　气相色谱仪简图

（一）气路系统

气相色谱法中把作为流动相的气体称为载气。载气自钢瓶经减压后输出，通过净化器、稳压阀、转子流量计后，以稳定的流量连续不断地流过气化室、色谱柱、检测器，最后放空。

气相色谱仪的气路是一个载气连续运行的密闭系统，常见的气路系统有单柱单气路和双柱双气路。单柱单气路适用于恒温分析；双柱双气路适用于程序升温分析，它可以补偿由于固定液流失和载气流量不稳等因素引起的检测器的噪声和基线漂移。

1. 气体的种类和来源

载气是气相色谱的流动相，其作用是将样品带到色谱柱和检测器，气相色谱常用的载气有氮气、氢气和氦气等。一些检测器在工作时也需要气体，如氢火焰离子化检测器（FID）、火焰光度检测器（FPD）需要氢气和空气作为燃烧气和助燃气。这些气体一般都是由高压钢瓶供给，初始压力一般在10~15MPa。为避免混淆，不同的高压气瓶都有不同的颜色，有关颜色的规定见表5-1。

表 5-1　　　　　　　　　　　　气瓶外壳颜色表

序号	充装气体	化学式（或符号）	体色	字样	字色	色环
1	空气	Air	黑	空气	白	P=20，白色单环
2	氩	Ar	银灰	氩	深绿	P≥30，白色双环
3	氟	F2	白	氟	黑	—
4	氦	He	银灰	氦	深绿	
5	氪	Kr	银灰	氪	深绿	P=20，白色单环
6	氖	Ne	银灰	氖	深绿	P≥30，白色双环

　　为了安全和便捷，许多实验室采用气体发生器来代替气瓶，如氢气发生器、空气发生器等。

2. 气体的净化

　　无论是载气还是燃烧气，在进入色谱仪前必须经过适当的净化处理，并且要稳定地控制流量和压力，这些都是色谱仪正常工作必须的条件。

　　从色谱柱的角度看，载气中含有微量水会使聚酯类固定液解聚，载气中的氧在高温下易使某些极性固定液氧化，因此需要尽量将载气中的水分和氧去除。

　　从检测器的角度看，如电子捕获检测器，载气纯度会严重影响仪器的稳定性和检测灵敏度。因此，使用电子捕获检测器时，要求载气纯度大于 99.99%，否则灵敏度将大大下降。如氢火焰离子化检测器（FID）需把载气和燃烧气中的烃类成分除掉。

　　在实际应用中，各气路都应有气体净化管。常用的气体净化剂为分子筛、硅胶、活性炭等。在使用一定时间后，其净化效果下降，需要及时更换或烘干、再生后重新使用。

3. 气体的流量控制

　　为保证气相色谱分析的准确度，载气的流量要求恒定。通常使用减压阀、稳压阀、稳流阀等来控制气体流量的稳定性。

　　减压阀装在高压气瓶的出口，用来将高压气体调节到较小的压力，如图 5-3 所示。

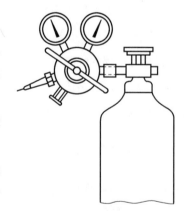

图 5-3　减压阀

　　气相色谱中使用的气体流量一般较小，仅靠减压阀是远远不够的，还要由稳压阀和稳流阀调节控制。稳压阀有两个作用，一是通过改变输出气压来调节气体流量的大小，二是稳定输出气压。恒温色谱中，整个系统阻力不变，用稳压阀便可使色谱柱入口压力稳定。在程序升温中，色谱柱内阻力不断增加，其载气流量不断减小，因此需要在稳压阀后连接一个稳流阀，以保持恒定的流量。色谱柱前的载气压力（柱入口压力）由压力表指示，压力表读数反映的是柱入口压力与大气压之差，柱出口压力一般为常压。

气体的流量常用三种方法测量：柱前流量由转子流量计指示；柱后流量用皂膜流量计测量；新型的气相色谱采用电子气路控制系统（EPC）来准确控制各路气体的流量。

（二）进样系统

气相色谱进样系统的作用是将样品直接或经过特殊处理后引入气相色谱仪进行分析，目前常见的进样系统根据功能可划分为如下几种：

1. 手动进样系统

最常见的手动进样系统是采用微量注射器，即使用微量注射器抽取一定量的气体或液体样品直接注入气相色谱仪进行分析。该方法简便易行，被广泛采用，适用于热稳定的气体和沸点较高的液体样品进样。

用于气相色谱的微量注射器种类繁多，可根据样品性质选用不同的注射器。例如，根据样品的体积选择进样器，为保证精确度，每次进样的体积都不应小于进样器总体积的10%。

微量进样器在使用时应避免在没有吸液时空针拔插，进样后应用溶剂洗涤进样器，排除进样器中残留的样品。排除进样器中的气泡，须把针头浸没于溶剂中，反复抽排样品，再将进样器吸满液体，排除液体至所需进样的体积。在排除样品时，进样器中的气泡能随着管中液体的垂直变化而改变。

微量进样器所用的清洗试剂通常是根据污染物选择的，一般常用甲醇、二氯甲烷、乙腈和丙酮。清洗时不能堵塞针头，抽出柱塞。不能把整个进样器都浸泡在溶剂中，这样容易破坏进样器上键合部分的黏着性。

2. 液体自动进样器

液体自动进样器能够实现定位、准确吸取样品、进样等一系列自动化操作，降低人为的进样误差，减少人工操作成本。适用于批量样品的分析。

3. 气体进样阀系统

在气相色谱上安装六通阀或四通阀，可以实现较好的定量重复性，而且可以与环境空气隔离，避免空气对样品的污染。使进样阀系统对存储在压力容器中的样品直接进行色谱分析。

4. 顶空进样系统

顶空进样系统主要利用气液平衡或气固平衡等原理，用于固体、半固体、液体样品基质中挥发性有机化合物的分析，如化妆品中香气成分的分析、合成高分子材料中挥发性有机物的分析等。

5. 吹扫捕集系统

吹扫捕集系统用于固体、半固体、液体样品基质中挥发性有机化合物的富集吸附，通过加热解吸进入气相色谱仪进行分析。

6. 热解析系统

热解析系统用于气体样品中挥发性有机化合物的捕集，然后通过加热解吸进入气相色谱仪进行分析。

7. 热裂解器进样系统

通常在气相色谱仪的载气中，在无氧条件下，将聚合物试样加热，由于施加到聚合物试样上的热能超过了分子的键能，结果引起化合物分子裂解。目前主要应用于聚合物的分析。

目前一些高档的气相色谱中除配制常规的自动进样器外，还配制了液体样品、顶空进样、固相微萃取等三位一体的混合自动进样器。

当使用毛细管色谱柱时，由于柱直径小，必须使用专门的进样衬管，一般可供选择的衬管有分流衬管和不分流衬管。对于气相色谱的进样系统而言，选择适当的衬管非常重要，在选择时需要考虑衬管容积、衬管的内表面处理、使用寿命和可能影响到载气流通和样品蒸发的其他特征。要想得到良好稳定的分析结果，特别是在分析痕量物质和活性组分的时候，还要时时注意保持衬管的惰性和清洁。

（三）分离系统

色谱柱是气相色谱分离系统最关键的部分，安装在温控的柱室内。色谱柱由柱和固定相组成，其中固定相是分离的关键。

色谱柱有填充柱和毛细管柱两大类。填充柱用不锈钢和玻璃等材料制成，根据分析要求将合适的固定相填充在柱管内。填充柱制备简单，填充要求均匀紧密，以保证良好的柱效。化妆品分析中常用的填充柱一般长 2~3m，内径 2~4mm。毛细管柱用玻璃和石英制成，其固定相涂布在毛细管内壁或使某些固定相通过化学反应键合在管壁的，称为开管柱；将固定相先装入玻璃和石英管，再拉制成毛细管的，称为毛细管填充柱。开管柱分离效率高，但允许进样量小，必须采用分流装置。化妆品分析中常用的商品化毛细管柱一般长 30m，内径有 0.25mm、0.32mm、0.53mm 等规格。

气相色谱的固定相可分为气固色谱固定相和气液色谱固定相。气固色谱固定相指直接装填到色谱柱中作为固定相的具有活性的多孔性固体物质；气液色谱固定相由担体和液体固定相组成。

固体固定相大体可分为三类：第一类是吸附剂，如分子筛、硅胶、活性炭、氧化铝等；第二类是化学键合固定相；第三类是高分子聚合物，如国内的 GDX 型高分子多孔微球、国外 Po-rapak 系列色谱填料等。由于无液膜存在时，没有"流失"问题，有利于大幅度程序升温。但由于其品种少，没有气液固定相灵活性大，所以使用范围较小。特别是随着毛细管色谱柱的发展，在化妆品检测中多采用气液色谱固定相。

1. 气液色谱固定液的分类

气液色谱可选择的固定液有几百种，它们具有不同的组成、性质和用途。如何将类型不同的固定液作科学分类，对于使用和选择固定液是十分重要的

现在大都按固定液的极性和化学类型分类。按固定液极性分类可用固定液的极性和特征常数（罗氏常数和麦氏常数）表示；按化学类型分类是将有相同官能团的固定液排列在一起，然后按官能团的类型分类，这样就便于按组分与固定液结构相似的原则选择固定液。具体分类如下：

（1）烃类

烃类包括烷烃、芳烃等，如角鲨烷为标准的非极性固定液。

（2）硅氧烷类

① 甲基硅氧烷。弱极性固定液，如 SE-30、O-V1 等。

② 苯基硅氧烷。极性稍强，随苯基增多，极性增大，如 SE-52（含苯基 5%）、OV-17（含苯基 50%）、OV-25（含苯基 75%）等。

③ 氟烷基硅氧烷。中等极性固定液，如 OV-210、QF-1 等。

④ 氰基硅氧烷。中强极性固定液，如 XE-60 等。

（3）醇类

醇类有非聚合醇和聚合醇，如聚乙二醇（PEG-20M）等。

（4）酯类

酯类为强极性固定液，如丁二酸二乙二醇聚酯（DEGS）等。

2. 固定液的选择

根据被分离组分和固定液分子间的相互作用关系，固定液的选择一般根据所谓的"相似相容性原则"，即固定液的性质与被分离组分之间的某些相似性，如官能团、化学键、极性、某些化学性质等。性质相似时，两种分子间的作用力就强，被分离组分在固定液中的溶解度就大，分配系数大，因而保留时间就长；反之溶解度小，分配系数小，因而能很快流出色谱柱。

以下为不同情况下固定液的选择：

① 分离极性化合物，采用极性固定液。这时样品各组分与固定液分子间的作用力主要是定向力和诱导力，各组分出峰次序按极性顺序，极性小的先出峰，极性越大，出峰越慢。

② 分离非极性化合物，应用非极性固定液。样品各组分与固定液分子间的作用力是色散

力，没有特殊选择性，这时各组分按沸点顺序出峰，沸点低的先出峰。对于沸点相近的异构物的分离，效率很低。

③ 分离非极性和极性化合物的混合物时，可用极性固定液。这时非极性组分先馏出，固定液极性越强，非极性组分越易馏出。

④ 对于能形成氢键的样品，如醇、酚、胺和水的分离，一般选择极性或氢键型的固定液，这时依组分和固定液分子形成氢键能力大小进行分离。

⑤ 选择化学官能团相似的固定相，如酯类选择酯或聚酯固定液，固定液与被测组分化学官能团相似，作用力强，分离效果好。

⑥ 按组分性质的主要差别选择固定液，若组分的差别以沸点为主，则选非极性固定液，这时按沸点顺序出柱，沸点低的先出柱；若组分的差别以极性为主，则选极性固定液，这时按极性强弱出柱，极性弱的先出柱。

"相似相容性原则"是选择固定液的一般原则，有时利用现有的固定液不能达到满意的分离结果时，往往采用"混合固定液"，即应用两种或两种以上性质各不相同的、按适当比例混合的固定液，使分离有比较满意的选择性，又不致使分析时间延长。在实际工作中，往往是按照标准提供的或文献介绍的实例来选用固定液的。

（四）温度控制系统

温度控制系统用于设置、控制和测量气化室、柱温室和检测室等处的温度。

气化室温度应使试样瞬间气化但又不分解，通常选在试样的沸点或稍高于沸点，其温度应高于柱温室的温度，以免样品气化后冷凝。进样口温度太高可能会引起某些热不稳定组分的分解；如果温度太低，晚流出的色谱峰会变形。目前，已有商品化仪器在进样口处设计成程序升温系统，使得样品在进样时处于低温状态，然后在进样口进行程序升温，起到增大进样量，浓缩样品的作用。

由于欲分离的各组分在流动相和固定相的分配系数与温度有关，因此，色谱柱的温度是色谱分析操作中很重要的参数。较高的温度有利于加快分析速度；较低的温度有利于分离，但如果温度太低，则会使柱效下降，使得分析时间变长，甚至导致组分在柱内冷凝残留。柱温室温度变化会引起柱温的变化，从而影响柱的选择性和柱效，因此柱温室的温度控制要求精确。

选用填充柱时，一般柱温采用恒温模式，温度设置在接近或略高于组分的沸点温度；选用毛细柱时，一般采用程序升温模式，在设置柱温时，其温度绝不能高于固定液的使用温度。

检测室温度和各检测器的结构设计有关，一般温度越高检测器灵敏度越高，但要注意不能超出最高使用温度。一般检测器的温度设置在比柱温高数十摄氏度处。

（五）检测系统

气相色谱检测器约有十多种，在化妆品分析中最常用的有氢火焰离子化检测器（FID）、电子捕获检测器（ECD）、火焰光度检测器（FPD）等。下面介绍两种最常用的检测器。

1. 氢火焰离子化检测器（FID）

氢火焰离子化检测器是一种高灵敏度通用型检测器。它几乎对所有的有机物都有响应，而对非烃类、惰性气体或在火焰中不解离的物质等无响应或响应很小。它具有灵敏度高（可检出 $0.001\mu g/g$）、响应快、操作稳定、对温度不敏感、线性范围宽等优点，适合连接毛细管柱进行复杂样品的分离。

（1）原理

氢火焰离子化检测器是根据有机物在氢氧焰中燃烧产生离子而设计的，当有机物随载气进入火焰时，发生离子化反应，生成正负离子。在电场作用下，电子被收集极收集，正离子被发射极捕获而产生电流，此电流经放大后，由记录仪记录即得色谱图。所产生的离子数与单位时间内进入火焰的碳原子质量有关，所以火焰离子化检测器是质量型检测器。它对大多数有机化合物有很高的灵敏度，有利于分析痕量有机物，但它对氢火焰中不电离的一氧化碳、二氧化碳、二氧化硫、硫化氢、氨气、空气、水和惰性气体等不能检测。

（2）结构

氢火焰离子化检测器主要部件是用不锈钢制成的离子化室，离子化室由收集极、发射极、气体入口和火焰喷嘴等部分组成。氢气与载气预先混合，从离子化室下部进入喷嘴，空气从喷嘴周围引入助燃，生成的氢氧焰为离子化能源。

（3）影响灵敏度的因素

① 喷嘴。喷嘴内径的粗细影响检测灵敏度。较细内径的喷嘴火焰呈尖峰状，气体接触面积大，组分分子与氧气充分接触，有利于提高离子化效率。内径越细，其灵敏度越高，但内径过细则容易造成堵塞，且往往使火焰超过收集极，灵敏度下降。一般使用的内径为 $0.2\sim0.6mm$。

② 电极。电极的形状和间距对灵敏度影响很大。由于离子流非常微弱，为了得到最大的响应，发射极、收集极和喷嘴三者应处于同一轴心，收集极以圆筒状收集效果最好，两电极之间距离要适当，一般为 $2\sim10mm$。

③ 极化电压。当极化电压低于 50V 时，检测器响应随极化电压增加而增加，超过 50V 时，响应趋于稳定，但高于 300V 时，噪声增大。正常操作极化电压为 $100\sim300V$。

④ 气体纯度和流量。氢火焰离子化检测器所用的气体中不应含有氧和有机杂质，否则会使噪声变大。气体的流量有一最佳值，在最佳值时可得到最佳响应，操作中气体流量比例为：氮气∶氢气∶空气＝1∶1∶10。

（4）常见不正常情况

① 不能点火。问题主要出在气路或检测器。

② 基流很大。问题主要出在气路或检测器。

③ 噪声很大。气路、检测器和电路出问题都有可能。

④ 灵敏度明显降低。气路、检测器和电路出问题都有可能。

⑤ 不出峰。气路、检测器、电路出问题都有可能。

⑥ 色谱峰形不正常。进样器、气路、检测器为主要检查对象。

⑦ 基线漂移严重。气路、检测器出问题都有可能。

⑧ 有时有讯号，有时无讯号。问题主要出在电路上。

2. 电子捕获检测器（ECD）

电子捕获检测器是一种高选择性检测器，对含有电负性原子或基团的化合物具有很高的灵敏度，如卤素化合物，含氧、硫、磷的有机物等；对非电负性化合物响应很小，如一般烷烃等。这种突出的选择性能作为鉴定物质的检测手段，根据在电子捕获检测器的响应，来判断化合物的类型。电子捕获检测器在化妆品检测中主要用来进行农药残留和水中卤素有害物质等的检测。它的主要缺点是线性范围比较小，一般仅为 10^3。

（1）原理

电子捕获检测器是一种放射性离子化检测器。它是在 ^{63}Ni 或 ^3H 放射源作用下，发射出 β 射线，使通过检测器的载气发生电离，产生一定数量的电子和正离子，在一定强度电场的作用下形成一个背景电流，称为基流。当电负性化合物进入检测器时，就会捕获自由电子，使基流下降，产生检测信号。

（2）结构

电子捕获检测器由电离室、放射源、收集电极组成。它的结构主要有两种形式，一种是平行电极，另一种是圆筒状同轴电极。阳极和阴极之间用陶瓷或聚四氟乙烯绝缘，在阴阳极之间施加恒流或脉冲电压。

（3）影响灵敏度的因素

① 温度。温度影响化合物电子吸收系数，因而影响灵敏度，但其对不同电子捕获机理的影响不一样。对非离解型捕获，随温度升高，灵敏度下降；对离解型捕获，要在较高温度下才能获得最大灵敏度。由温度对灵敏度的影响，也可判断电子捕获机理，根据电子捕获机理选择合适的温度。在定量分析时，为了保持灵敏度不变，温度控制精度要求在 0.1℃ 以内。

② 载气。用氮气作载气，其中氧含量对基流影响很大，其纯度越高，基流越大。基流随载气流速增加而增加，达到一定流速后趋于恒定。要求载气的纯度在 99.99% 以上。

③ 极化电压。检测器中自由电子能量越低，电子捕获概率越大。用直流供电，在保证有效收集离子的情况下，电场电压低一点为好，电压为 5~20V。用脉冲供电，施加电压时间短，自由电子基本上处于热动平衡，能量低，捕获概率高，其电压在 30~60V。一般来说，直流电

场的灵敏度比脉冲电场低得多。脉冲周期的选择，要兼顾基流和灵敏度，多数在 $50\sim500\mu s$。

四、气相色谱的定性和定量分析

（一）定性分析

气相色谱定性分析的目的是确定试样的组成，即确定各色谱峰代表什么组分。定性分析方法很多，通常采用保留时间、相对保留值等与保留值相关的数据来进行定性分析。气相色谱法在定性分析这个环节还存在一些问题，在大多情况下，还需要与其他一些化学方法或仪器方法配合，才能准确地判断某些组分是否存在。

1. 用已知物对照定性

用已知物对照定性是气相色谱定性分析中最简便易行的方法。对一定的固定相和一定的操作条件，每种物质都有一定的保留值，且一般不受其他组分的影响，因此可用来进行定性分析。但在一根色谱柱上用保留值法确定组分有时不一定可靠，因为有些化合物会在某一固定液上表现出相同的色谱性质，这种情况下可采用双柱或多柱法进行定性分析，即采用两根或多根极性不同的色谱柱进行分离，观察未知物和标准样品的保留值是否始终重合。

如果样品复杂，出峰多、色谱峰间距小，且操作条件又不易控制稳定时，准确测定保留值会有一定困难，此时可以将待测的纯物质直接加入试样中，如果某一组分的峰高增加，则表示试样中可能含有所加入的这种组分。

2. 利用文献保留数据定性

当没有待测组分的纯物质时，一般可以用文献值进行定性。目前文献上报道的定性分析数据，主要是相对保留值和保留指数。

相对保留值仅与柱温、固定液的性质有关，与其他操作条件无关。各个物质在某种固定液中的相对保留值，可从文献上查到。将试验测得的相对保留值与文献上查到的相对保留值对照，就可以确定所测组分。但需要注意的是，试验时所用的固定液和柱温须和文献上的一致。

用保留指数定性时，人为规定在任何色谱条件下正构烷烃的保留指数均为它的碳原子数乘以 100，如正己烷、正庚烷、正辛烷的保留指数分别为 600、700、800。在选定的色谱柱上，被测物质的调整保留值应恰在所选择的两个相邻正构烷烃调整保留值之间，即可求得待测组分的保留指数。计算出的保留指数与文献值对照，即可进行定性，同样，试验测定保留指数时，柱温和固定液应与文献上的一致。

3. 与其他方法结合定性

可以利用检测器的选择性进行定性。例如电子捕获检测器只对含有卤素、氧、氮等电负性强的组分有较高的灵敏度，而火焰光度检测器对含硫、磷的物质有信号。利用不同的检测器具有不同的选择性和灵敏度，可以对未知物大致分类定性。

另外，也可以将气相与质谱、红外光谱、核磁共振谱等联用。气相色谱常与这几种方法联用，特别是气相色谱和质谱的联用，是目前解决复杂未知物问题的最有效工具之一。

（二）定量分析

1. 归一化法

当试样中各组分都能流出色谱柱并显示色谱峰时，可用归一化法进行定量计算。归一化法是把试样中所有组分的含量之和按 100% 计算，以它们相应的色谱峰面积或峰高为定量参数。

归一化法的优点是简便、准确，当操作条件如进样量、流速等变化时，对分析结果影响很小。这种方法常用于常规分析，尤其适合于进样量很少而其体积不易准确测量的液体样品的分析。

2. 内标法

当样品中所有组分不能全部流出色谱柱，或检测器不能对所有组分都产生信号，或只需要对样品中某几个出现色谱峰的组分进行定量时，可采用内标法。

内标法的操作是：准确称取样品，加入一定量某种纯物质作为内标物，然后进行色谱分析。根据内标物与样品重量之比及被测组分峰面积和内标物峰面积之比，即可求出某组分的百分含量。

内标物须满足以下条件：应与样品互溶，并能与样品各组分分开；内标物与待测组分色谱峰位置靠近；其加入量也要与待测组分相近，最好是结构相近。

内标法是通过测量内标物及待测组分的峰面积的相对值来进行计算的，因而可以在一定程度上消除操作条件等的变化所引起的误差，其定量较准确。

3. 外标法

外标法又称标准曲线法。该法是将待测组分的纯物质配制成不同浓度的标准溶液，然后取一定量的上述溶液进行分析，得到标准样品的对应色谱图，以峰高或峰面积对浓度作图。分析样品时，在前述完全相同的色谱条件下，取制作标准曲线时同样量的试样分析，测得该试样的响应信号后，由标准曲线即可查出其百分含量。

外标法的优点是操作简单、计算方便，因而适于工厂控制分析和自动分析，其结果的准确度取决于进样量的重现性和操作条件的稳定性。

任务五 高效液相色谱法

一、概述

高效液相色谱法（HPLC）是二十世纪六十年代末发展起来的一种分析技术，是一种以液体为流动相的现代柱色谱分离分析方法。它是在经典液相色谱的基础上，引入气相色谱理论和技术而发展起来的，因此气相色谱法的许多理论与技术同样适用于高效液相色谱法。

随着技术的不断改进与发展，目前高效液相色谱法已成为应用极为广泛的化学分离分析的重要手段。高效液相色谱法在技术上采用了高压泵、高效固定相和高灵敏度检测器，因而具有速度快、效率高、灵敏度高、操作自动化的特点。

液相色谱与气相色谱相比较，有以下几个特点：

① 能测高沸点有机物。

② 柱效高于气相色谱。

③ 分析速度与气相色谱相似。

④ 柱压高于气相色谱。

⑤ 检测器灵敏度与气相色谱相似。

目前，在化妆品检验中，涉及功效成分指标、防腐剂等项目时往往采用此法。随着现代高效液相色谱与质谱仪联用技术的发展，液质联用技术越来越多地应用到化妆品中的禁限用物质和微量物质的检测中。

二、高效液相色谱仪

高效液相色谱仪由输液系统、进样系统、分离系统、检测系统等部分组成。

（一）输液系统

高效液相色谱仪的输液系统由过滤器、储液装置、脱气装置、阻尼器、高压输液泵、梯度淋洗装置等组成。

1. 过滤器

由储液瓶（罐）到高压泵的输液管入口装有过滤器，以阻止流动相中固体微粒或机械杂质进入泵体损坏高压泵或单向阀，造成输液管路堵塞。常用过滤装置是孔径为 $5 \sim 10 \mu m$ 的多孔性烧结不锈钢过滤筒。

2. 储液装置

用来储存液体流动相。一般是玻璃或不锈钢容器，体积在 $0.5 \sim 2L$ 为宜。储液瓶要求能承受一定压力、耐腐蚀、易于脱气操作。简单的储液器为 500mL 试剂瓶，使用时应盖严，防止溶剂挥发。

3. 脱气装置

流动相进泵前必须进行脱气，尤其是水和极性溶剂。否则流动相过柱以后，压力降低，会放出溶解的空气，形成气泡。气泡将影响分离效率，造成基线不稳，使得检测器灵敏度降低，甚至不能正常工作。

商品化成套液相色谱一般装有流动相脱气设备，如微型真空泵在线脱气，以脱除溶解在液体中的空气，防止溶解气在柱后由于压力下降而脱出，形成气泡，影响检测器正常工作。

液相色谱也常采用仪器外脱气。如：

① 低压脱气。电磁搅拌器搅拌溶剂，水泵减压脱气，可同时加温或向溶剂通氮气。由于抽气过程中可能引起流动相中低沸点溶剂损失而影响其组成，因而不适用于多元流动相脱气。

② 超声波脱气。将溶剂储瓶置于超声波水浴中，脱气 $15 \sim 20$ 分钟，这是目前使用最为广泛的脱气方法。

③ 充氦气在线脱气等。

4. 阻尼器

高压输液泵输出的流动相具有一定脉动，很多检测器对流动相流速波动敏感，为了获得稳定的液流，在高压输液泵输出口常常接上脉动阻尼器。阻尼器由螺旋毛细管、波纹管等组成。

5. 高压输液泵

高压输液泵是液相色谱仪的重要组成部件之一。它将流动相在高压下连续不断地送入色谱系统。高压输液泵的性能直接影响整机的稳定性和分析精度，一般要求高压输液泵应具有流量稳定、无脉动、输出压力高、密封性能好、耐腐蚀等特性。

自液相色谱发展以来，高压输液泵也有许多种，目前常见的为往复式恒流泵，如图 5-4 所示。

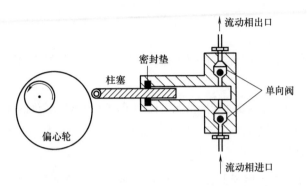

图 5-4　往复式恒流泵

6. 梯度淋洗装置

在采用两路以上流动相洗脱时，有两种溶液混合方式：一种是高压梯度方式，即利用两台高压输液泵，将两种不同极性的溶剂按一定的比例送入梯度混合室，混合后进入色谱柱；另一种是低压梯度方式，即利用一台高压输液泵，通过比例调节阀，将两种或多种不同极性的溶剂按一定的比例抽入高压输液泵中混合。

（二）进样系统

进样系统是将试样送入色谱柱的装置。液相色谱仪进样系统要求进样重复性好；进样器死体积小；由进样引起色谱峰扩张小；密封性能好，不得出现泄漏、吸附、渗透等；进样时系统压力、流量波动小。

目前液相色谱仪进样主要有两种方式：一类是手动进样；另一类是自动进样。

1. 手动进样

手动进样有注射器直接进样和进样阀进样等方式，目前商品化的液相色谱仪大多使用进样阀进样。常见的是用微量注射器将样品注入六通阀，利用定量环定量，如图 5-5 所示。

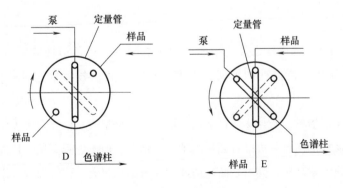

图 5-5　常见的阀进样

2. 自动进样

现代先进的液相色谱仪将六通阀配上样品传送系统、取样系统和程序控制器，实现了自动进样功能。

自动进样由于管路增加等因素，相同情况下比用手动注射器进样色谱峰展宽增加 5%～10%，但可自动进行取样、进样、清洗等一系列操作，操作者只需将样品按顺序装入储样装置即可，其操作简便、重复性好。

目前自动进样器在液相色谱仪上已广泛使用，不同的厂家有不同的形式，一般常见的有链式、圆盘式、坐标式等形式的自动进样器，如图 5-6 所示。

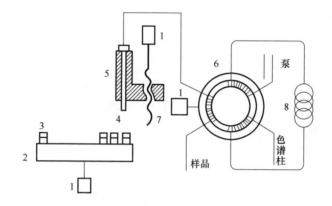

1—洗涤瓶；2—储样圆盘；3—样品瓶；4—取样针；

5—滑块；6—进样阀；7—丝杆；8—定体积量管。

图 5-6　圆盘式自动进样器示意图

（三）分离系统

液相色谱分离系统包括色谱柱、恒温装置、保护柱、连接管等部分。根据分析的目的物选择适合的色谱分离系统，可以提高分离效果。

1. 色谱柱

与气相色谱相似，色谱柱也是液相色谱的核心部件，对色谱柱的要求是柱效高、选择性好、分析速度快等。色谱柱的填料、长度和内径、装填技术等，对色谱柱效具有很大影响。

色谱柱由柱子、填料、密封环、过滤板、柱头等部分组成。柱壁采用优质不锈钢管或硬质玻璃管组成。玻璃柱的优点是可以看到柱内填充的情况，但不能耐高压，目前应用较少。不锈钢耐腐蚀、易纯化、耐高压，其内表面光洁度对柱效影响很大。柱管内若有纵向沟痕或表面不均匀，会引起色谱峰区带扩张，降低柱效。

填料是色谱柱的核心，填料的品种、粒径的形状和大小对分离都有明显影响，不同柱填料的用途及适用方法见表5-2。

表5-2 不同柱填料的用途及适用方法

柱填料	特点	适用液相方法
C_{18}（十八烷基硅烷）	普适性好；保留值大；用途广	反相方法
C_8	与C_8类似，保留值略小	反相方法
C_3、C_4	保留值小；大多用于肽类与蛋白质	反相方法
氨基	保留值适中，用于烃类，不稳定	反相方法、正相方法
氰基	保留值适中，反相正相皆可	反相方法、正相方法
聚苯乙烯基	在$1 < pH < 13$的流动相中稳定；对某些分离峰型较好，柱寿命长	反相方法、尺寸排阻方法
硅胶	普适性好，价格低，操作欠方便	正相方法、尺寸排阻方法

2. 恒温装置

柱温可以影响色谱分离效率。一般情况下，提高柱温可以降低流动相的黏度，增加样品在流动相中的溶解度，减小溶质的保留值。常用的柱温控制范围为室温至65℃之间，少数生化样品需要在较低的温度下进行分析。多数的样品在室温条件下即可进行分析，但恒定的柱温可以提高保留值的重现性，因此在室温变化加大的实验室配制恒温箱是很有必要的。

商品化仪器的恒温装置多采用空气循环箱恒温和色谱套柱加热恒温。对于一些没有配备恒温箱的仪器，也可以采用水浴套管的方式进行恒温。

3. 保护柱

保护柱是连接在进样器和色谱柱之间的短柱。一般长为30~50mm，柱内装有填料或过滤片。保护柱可以防止来自流动相和样品中的不溶性微粒对色谱柱发生的堵塞现象，起到保护色谱柱的作用；可以避免硅胶和键合相的流失，起到提高色谱柱的使用寿命和不使柱效下降的作用。

由于保护柱具备造价低、使用方便等特点，且在分析化妆品时，样品中含有未除尽的蛋白、多糖等成分，多被采用。

有填料的保护柱要选择和分析柱性能相同或相近的填料，其缺点是影响峰的保留时间。

无填料的保护柱一般是利用筛板的过滤作用，它只能去除机械杂质，使用效果不如有填料的保护柱。

4. 连接管

液相分析系统的连接管为内径为0.1~0.3mm的不锈钢管或PEEK管。在选择管路和连接管路时，应尽量选择内径细的管路和保留尽可能短的管路，在连接时一定要紧密，以设法降低柱外死体积，减少谱带展宽。

（四）检测系统

高效液相色谱法检测器的作用是将色谱柱流出物中样品组成和含量的变化转化为可供检测的信号，以完成定性定量的任务。

高效液相色谱法的检测器有很多，分类方法也有很多。按照用途分类，可分为通用型和选择性两类。通用型检测器有示差折光检测器（有时也称为折射率，RI）、蒸发光散射检测器等。通用型检测器连续地测定柱后流出物某些物理参数的变化，对任何有机物都有响应，因此具有广泛的适应性。但其灵敏度往往较低、容易受流动相影响。选择性检测器有紫外可见光检测器、二极管阵列检测器、荧光检测器、化学发光检测器、安培检测器等。选择性检测器对被检测物质的响应有特异性，而对流动相则没有响应或响应很小，因此灵敏度很高，受操作条件变化和外界环境的影响很小。

衡量检测器性能的指标主要有噪声和漂移、灵敏度、线形范围等。下面介绍三种常见的检测器。

1. 紫外可见光检测器

紫外可见光检测器是高效液相色谱法中应用最早而又最广的检测器之一，几乎所有液相色谱仪都配有这种检测器。它不仅有较高的选择性和灵敏度，而且对环境温度、流速波动、流动相组成变化不敏感，因此无论以等度或梯度冲洗，都可使用。

（1）原理

紫外可见光检测器是通过测定溶质在流动池中吸收紫外光的大小来确定其含量的。对于单色光，物质在流动池中的吸收服从 Beer 定律。

在采用紫外可见光检测器进行分析时，一般应找出分析物的最大吸收波长，以获得最大的灵敏度和抗干扰能力。在选择测定波长时，必须考虑到所使用的流动相组成，因为各种溶剂都有一定的透过波长下限，超过了这个波长，溶剂的吸收就会变得很强，以至于不能很好地测出待测物质的吸收强度。常用溶剂透过波长下限见表5-3。

表5-3　　　　　　　　　　　　　常用溶剂透过波长下限

溶剂名称	透过波长下限／nm	溶剂名称	透过波长下限／nm
丙酮	330	甲酸乙酯	260
乙腈	210	乙酸乙酯	260
苯	280	甘油	220
醋酸丁酯	255	己烷	210
四氯化碳	265	甲醇	210

续表

溶剂名称	透过波长下限／nm	溶剂名称	透过波长下限／nm
氯仿	245	甲酸甲酯	265
环己烷	210	正戊烷	210
二氯甲烷	230	异丙醇	210
二乙醚	260	吡啶	305
环戊烷	210	甲苯	285
二甲苯	290	间二甲苯	290
异丙醚	220	乙醚	220

（2）结构

紫外可见光检测器有固定波长式和可变波长式两类。固定波长检测器中用得最多的是 UV（254nm），它主要由光源、池体、滤光片、光电接收器及相应的光学和机械辅助系统组成，改变波长时须更换检测器中的滤光片，这种检测器现已较少见到。可变波长检测器是在固定波长检测器的基础上发展的，其分光系统一般采用衍射光栅或改变波长或通过将带扫描的 UV 分光光度计改装流动池后获得。这类检测器，在紫外光区域一般用氘灯作为光源，在可见光区域一般用钨灯作为光源。由于扩大了波长工作范围，因而使其应用范围大为扩展，并可获得更好的选择性，它可选择对样品组分有最强的吸收、而对流动相吸收最不灵敏的波段进行工作，这样既提高了信噪比，又可更好地适应梯度淋洗操作。

近年来，随着微机技术和半导体技术的改进和发展，出现了更多以紫外可见光吸收为原理的检测器，其中最有代表性、最常用的是二极管阵列检测器。二极管阵列检测器主要的改进是在光电接收器上，用一系列的光电二极管取代了传统的光电倍增管，在一次色谱操作中可同时获得多波长的吸光度，并且可以采用现代微机技术将各组分的保留时间、吸收波长和吸光度汇合在一起以绘制三维谱图，提供既定量又定性的色谱信息。

2. 示差折光检测器

示差折光检测器也称折光指数检测器，是一种通用型检测器。其原理是：基于连续测定色谱柱流出物折射率的变化而用于测定样品浓度。原则上凡是与流动相折射率有差别的样品都可用它来测定，其检测限可达 $10^{-7} \sim 10^{-6} \mathrm{g/mL}$。表 5-4 是常用溶剂在 20℃时的折射率。

表 5-4　　　　　　　　　　常用溶剂在 20℃时的折射率

溶剂	折射率	溶剂	折射率
水	1.333	苯	1.501
乙醇	1.362	甲苯	1.496
丙酮	1.358	己烷	1.375
四氢呋喃	1.404	环己烷	1.462

续表

溶剂	折射率	溶剂	折射率
四氯化碳	1.463	甲醇	1.329
氯仿	1.446	乙酸	1.329
乙酸乙酯	1.370	乙醚	1.353
乙腈	1.344	二甲苯	1.500
异辛烷	1.404	庚烷	1.388

按其结构来说，示差折光检测器有反射式和偏转式两种类型。偏转式的折射率测量范围较宽（1.00~1.75），池体积较大，一般只在制备色谱和凝胶渗透色谱中使用。通常的高效液相色谱法中都使用反射式，因其体积很小，可获得较高的灵敏度。

由于折射率对温度的变化非常敏感，因此示差折光检测器必须恒温，以便获得精确的结果。

示差折光检测器由于其通用性，在化妆品分析中主要用来进行各种糖类及无紫外吸收物质的检测。

3. 荧光检测器

许多化合物，特别是芳香族的化合物、生化物质，如维生素 B、酶等被入射的紫外光照射后，能吸收一定波长的光，使原子中的某些电子从基态中的最低振动能级跃迁到较高电子能态的某些振动能级。之后，由于电子在分子中的碰撞，会消耗一定的能量而下降到第一电子激发态的最低振动能级，同时发射出荧光。被这些物质吸收的光称为激发光，产生的荧光称为发射光。

荧光检测器和紫外可见光检测器类似，也有固定波长和可变波长之分。荧光检测器一般采用氙灯作为光源，发出的光除通过样品池外，还须通过参比池以消除外界的影响和流动相所发射的本底荧光干扰。

在实际检测应用中，一些物质虽然本身不能产生荧光，但它们含有适当的官能团，可与荧光试剂发生衍生化反应，产生荧光。衍生化方法有两种：其一为柱前衍生，此法较简单，但定量重复性较差，往往需要采用内标法定量来克服，如用戊氨酸作为内标物来检测氨基酸；其二为柱后衍生，此法重复性好，但易造成谱带的扩展。

荧光检测器的最大优点是具有极高的灵敏度和良好的选择性。一般来说，它比紫外可见光检测器的灵敏度要高 10~1000 倍，可达 μg/L 级，而且它所需要的试样很少，因此在真菌毒素和微量分析中经常采用。

三、液相色谱主要分离类型与原理

根据固定相的形式，液相色谱法可以分为柱色谱法、纸色谱法及薄层色谱法。按吸附力可分为吸附色谱、分配色谱、离子交换色谱和凝胶渗透色谱。下面介绍几种常见的类型。

1. 液固吸附色谱

液固吸附色谱是高效液相色谱中的一种，它使用固体吸附剂，基于物质吸附作用的不同而实现分离。其分离过程是一个吸附—解吸附的平衡过程。常用的吸附剂为一些具有吸附活性的物质，如硅胶、氧化铝、分子筛、聚酰胺等。流动相为各种不同极性的一元或多元溶剂。适用于分离相对分子质量 200~1000 的组分，常用于分离具有官能团的化合物和同分异构体。它的缺点是非线性等温吸附常引起峰的拖尾现象。

2. 液液分配色谱

液液分配色谱的固定相与流动相均为液体。使用将特定的液态物质涂于担体表面或化学键合于担体表面而形成的固定相。分离原理：根据被分离的组分在流动相和固定相中的溶解度不同而进行分离。其分离过程是一个分配平衡过程。

涂布式固定相应具有良好的惰性；流动相必须预先用固定相饱和，以减少固定相从担体表面流失；温度的变化和不同批号流动相的区别常引起柱子的变化；另外在流动相中存在的固定相也会使样品的分离和收集复杂化。由于涂布式固定相很难避免固定液流失，现在已很少采用。目前多采用的是化学键合固定相，如 C_{18}、C_8、氨基柱、氰基柱和苯基柱。

液液分配色谱法按固定相和流动相的极性不同可分为正相色谱法（NPC）和反相色谱法（RPC）。其中，反向色谱法在现代液相色谱中应用最为广泛，据统计，它约占整个高效液相色谱法应用的 80%。

3. 离子交换色谱

离子交换色谱的固定相是阴离子离子交换树脂或阳离子离子交换树脂。以阴离子离子交换树脂作固定相时，采用酸性水溶液流动相；以阳离子离子交换树脂作固定相时，采用碱性水溶液流动相。

离子交换色谱的基本原理：组分在固定相上发生的反复离子交换反应。组分与离子交换剂之间亲和力的大小与离子半径、电荷、存在形式等有关，亲和力大，保留时间长。离子交换色谱法主要用于分析离子及可离解的化合物、有机酸、氨基酸、多肽及核酸等。

4. 尺寸排阻色谱

尺寸排阻色谱的固定相是凝胶状，又名凝胶色谱。其固定相是具有一定孔径的多孔性填料，流动相是可以溶解样品的溶剂。分离原理：按分子大小进行分离。小分子量的化合物可以进入孔中，并由其中通过，滞留时间长，出峰最慢；中等分子只能通过部分凝胶空隙，为中速通过；大分子量的化合物不能进入孔中，因此被排斥在外，直接随流动相流出，出峰最快。因溶剂分子小，故在最后出峰。

尺寸排阻色谱利用分子筛对分子量大小不同的各组分排阻能力的差异而完成分离。常用于分离相对分子质量在 $10^2 \sim 10^5$ 范围内的高分子化合物，如组织提取物、多肽、蛋白质、核酸等。

5. 亲和色谱

亲和色谱的基本原理：利用生物大分子和固定相表面存在的某种特异性亲和力，进行选择性分离。先在载体表面键合上一种具有一般反应性能的所谓间隔臂（环氧、联胺等），再连接上配基（酶、抗原等），这种固载化的配基将只能与具有亲和力特性吸附的生物大分子作用而被保留，改变淋洗液后洗脱。

四、液相色谱方法的建立

1. 选择合适分析样品的液相方法

根据样品的性质，如相对分子质量、样品的水溶性等，选择合适的分离方式，如图 5-7 所示。

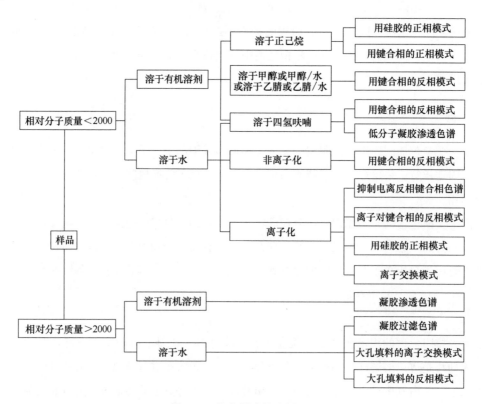

图 5-7　分离模式的选择

2. 选择合适的色谱柱

色谱柱中最常见的填料是 C_{18} 柱，选择合适的 C_{18} 的方法如下。

（1）柱尺寸的选择

色谱柱尺寸对色谱分离的影响如下：

短柱（15～100mm）：运行时间短，柱压低，灵敏度高，快速分离，快速平衡，溶剂消耗低。

长柱（150～250mm）：分辨率高，但柱压高、分析及平衡时间长，溶剂消耗大。

使用直径≤2.1mm 的窄径柱，可以使检测器灵敏度高，减低溶剂消耗。使用一般的宽径柱，载样量高，上样量大，同时大口径柱也可作制备色谱用。

（2）颗粒形状的选择

使用球形颗粒时色谱柱压力较低，可以采用黏度较大的溶剂，如甲醇+水（50+50），柱寿命较长。无定型颗粒填料表面积较大，容量较高。

（3）颗粒大小的选择

小颗粒填料密度较高，样品谱带较少扩散，峰比较窄，但小颗粒会造成溶剂压力较高，如果样品中杂质较多，则易堵塞柱子。现在一般用 3.5μm 的粒径填料分离复杂多组分样品，分析组分单一的样品多采用 5μm 的粒径填料。

（4）表面积的选择

柱表面积以 m^2/g 为单位，是颗粒外表及内部孔面积的总和。样品保留随表面积增加而增大，在正相分析中尤其明显，大表面积提供较大保留及较高分辨率。

高表面积色谱柱的柱容量和分离度较高，对于多组分样品的分离具有较强的保留能力。表面积低的填料能迅速达到平衡状态，在梯度淋洗时能较快达到平衡。

（5）孔径的选择

大孔径的填料颗粒可以延长溶质大分子在填料表面滞留的时间，从而达到充分分离、改善峰形的效果。如待测物相对分子质量>2000 时，宜选择 300A 孔径的填料。

（6）键合类型的选择

C_{18} 柱在键合时，会有不同的键合类型，其中单体键合是将键合相分子与基体单点相连，其特点是可以提高传质速率，加快色谱柱平衡。若键合相分子与基体多点相连，则形成双齿键合或聚合体键合，其特点是可以增加色谱的稳定性和载样量。

（7）碳覆盖率的选择

碳覆盖率指与基体物质相连的键合相的量，以含碳的百分比表示。一般色谱柱的碳覆盖率在 3%～20%。高碳覆盖率的色谱柱可以提高柱容量，提高分辨率，但其分析时间较长；低碳覆盖率的色谱柱可以缩短运行时间，适合快速分析简单样品及需要高含水流动相条件的样品。

（8）端基封尾的选择

C_{18} 柱键合步骤完成之后，用短链将裸露的硅羟基键合后封闭起来，称为端基封尾。端基封尾的色谱柱可以减轻待测组分与硅胶表面残留的酸性硅羟基反应而引起的色谱峰拖尾现象。对于极性样品，未封端与经过封端处理的色谱柱在选择性上有明显差异。无封尾的色谱柱对极性样品提供不同选择性，有较好的分离效果。

3. 选择合适的色谱条件

（1）流动相的极性

在化学键合相色谱法中，溶剂的洗脱能力与它的极性相关。在正相色谱中，溶剂的强度随极性的增强而增加；在反相色谱中，溶剂的强度随极性的增强而减弱。一般正相色谱的流动相通常采用烷烃加适量极性调整剂；反相色谱的流动相通常以水作基础溶剂，再加入一定量的能与水互溶的溶剂改变极性，如甲醇、乙腈、四氢呋喃等。溶剂的性质及其所占比例对溶质的保留值和分离选择性有显著影响。

（2）在流动相中加入改性剂

采用反相色谱法分离弱酸（$3 \leqslant pKa \leqslant 7$）或弱碱（$7 \leqslant pKa \leqslant 8$）样品时，通过调节流动相的 pH，以抑制样品组分的解离，增加组分在固定相上的保留，改善峰形，这种技术称为反相离子抑制技术。对于弱酸型化合物，流动相的 pH 越小，组分的 K 值（组分在固定相中的质量/组分在流动相中的质量）越大，当 pH 远远小于弱酸的 pKa 时，弱酸主要以分子形式存在；对弱碱则情况相反。分析弱酸样品时，通常在流动相中加入少量弱酸，常用磷酸盐缓冲液、乙酸盐溶液等；分析弱碱样品时，通常在流动相中加入少量弱碱，常用磷酸盐缓冲液和三乙胺溶液，加入三乙胺可以减弱碱性溶质与残余硅醇基的相互作用，从而减轻或消除峰拖尾现象。

4. 选择合适的检测器

液相色谱检测器种类较多，有通用型和选择性两大类。选择检测器类型时，要根据待测组分的化学性质，尽可能先选择有特异性响应、灵敏度高的检测器，其次才选择通用型检测器。

5. 选择合适的柱温

液相色谱柱温度对保留时间的影响相对气相色谱而言要小得多，因此，许多液相系统是没有配置柱温箱的。柱温升高可以降低流动相的黏度，使柱压降低、保留时间缩短。温度的波动会使保留时间波动，引起定性误差。有研究表明，在液相色谱梯度洗脱过程中，柱温的变化较为重要。除提高柱温可以缩短保留时间外，柱温还可以影响选择性，同时，温度的不平衡会导致峰扭曲变形。如果想得到稳定可靠的分离结果，液相色谱的柱温变化也是不可忽视的。

6. 选择合适的积分参数

色谱积分实质是一个数学计算过程，一般在理想分离情况下，选择色谱积分仪或工作站默认的参数值即可。若分离效果不理想或样品峰太小等，须调整积分参数以适应定量需要，如改变峰宽、最小峰面积、阈值等。需要注意，改变积分时，应将标准品及样品用相同的积分参数积分后计算，以减少计算误差。

五、液相色谱的维护

液相色谱采用液体流动相，对仪器维护要求较高。日常操作条件最好采用恒温，远离高电磁干扰、高振动设备，并应有良好的通风设施。

1. 液相用水

液相用水的制备途径较多，有用专门的纯水机或超纯水机制备的，有用去离子水重蒸或二次或三次重蒸水的，也有用市场上瓶装的纯净水或蒸馏水以及其他途径得到的水的。不管采用何种途径，配制流动相应用新鲜水，水质越高放置时间越短。

理想的液用水应为 18.2Ω 的超纯水，并通过 $0.22\mu m$ 的滤膜，除去热源、有机物、无机离子及空气等。含水流动相最好在试验前配制，尤其是夏天使用缓冲溶液作为流动相不要过夜。最好加入 0.1% 叠氮化钠，防止细菌生长。

2. 六通阀进样器

六通阀进样器是高效液相色谱系统中最理想的手动进样器。使用时，当手柄处于 Load 和 Inject 之间时，由于暂时堵住了流路，流路中压力骤增，再转到进样位，过高的压力在柱头上引起损坏，所以应尽快转动阀，不能停留在中途。

六通阀进样器的进样方式有部分装液法和完全装液法两种。使用部分装液法进样时，进样量最多为定量环体积的 75%，如 $20\mu L$ 的定量环最多进样 $15\mu L$ 的样品，并且要求每次进样体积准确、相同；使用完全装液法进样时，进样量最少为定量环体积的 $3\sim5$ 倍，即 $20\mu L$ 的定量环最少进样 $60\sim100\mu L$ 的样品，这样才能完全置换样品定量环内残留的溶液，以达到所要求的精密度及重现性。

进样样品要求无微粒及能阻死针头和进样阀的物质，样品溶液均要用 $0.45\mu m$ 的滤膜过滤，防止微粒阻塞进样阀、减少对进样阀的磨损。为防止缓冲盐和其他残留物质留在进样系统中，每次结束后应冲洗进样器。

3. 泵的保养

液相色谱中液相色谱泵的精度极为重要，因此在使用时需要特别注意。使用流动相尽量要清洁，过 0.45μm 的滤膜；进液处的砂芯过滤头要经常清洗；流动相交换时要注意极性改变，防止沉淀；流动相使用前脱气，避免泵内堵塞或有气泡；每次分析结束后，要反复冲洗进样口，防止样品的交叉污染。

4. 柱的保养

色谱柱在任何情况下不能碰撞、弯曲或强烈震动。当柱子和色谱仪联结时，阀件或管路一定要清洗干净。流动相要脱气、过滤后使用，且尽量不超过色谱柱的 pH 使用范围。每根柱子都有一个流动相方向，使用时不要随意改变其流动方向，以免降低柱性能。

每天分析测定结束后，都要用适当的溶剂清洗柱。使用缓冲液流动相后，用含有机相的水认真冲洗色谱柱，并定期用强溶剂冲洗色谱柱；若分析柱长期不使用，应用适当有机溶剂保存并封闭。色谱柱使用一段时间后柱效会下降，这时可考虑对色谱柱进行再生。

5. 紫外灯的保养

紫外灯的灯泡有一定寿命，在分析前、柱平衡得差不多时，再打开检测器；在分析完成后，应马上关闭检测器，以延长寿命。当紫外检测器的灵敏度下降或噪声较大时，可以考虑清洗样品池。

06

项目六

化妆品产品标准

一、综合标准

1. 化妆品分类

化妆品分类标准参照《化妆品分类》（GB/T 18670—2017），如表 6-1 所示。

表 6-1　　　　　　　　　　　　　　　常用化妆品归类举例

| 部位 | 功　能 | | |
	清洁类化妆品	护理类化妆品	美容/修饰类化妆品
皮肤	洗面奶（膏） 卸妆油（液、乳） 卸妆露 清洁霜（蜜） 面膜 浴液 洗手液 洁肤啫喱 花露水 洁颜粉 洁面粉	护肤膏（霜） 护肤乳液 化妆水 面膜 护肤啫喱 润肤油 按摩精油 按摩基础油 花露水 痱子粉 爽身粉	粉饼 胭脂 眼影（膏） 眼线笔（液） 眉笔（粉） 香水 古龙水 香粉（蜜粉） 遮瑕棒（膏） 粉底液（霜） 粉条 粉棒 腮红 粉霜
毛发	洗发液 洗发露 洗发膏 剃须膏	护发素 发乳 发油/发蜡 焗油膏 发膜 睫毛基底液 护发喷雾	定型摩丝/发胶 染发剂 烫发剂 睫毛液（膏） 生（育）发剂 脱毛剂 发蜡 发用啫喱水 发用漂浅剂 定型啫喱膏
指甲	洗甲液	护甲水（霜） 指甲硬化剂 指甲护理油	指甲油 水性指甲油
口唇	唇部卸妆液	润唇膏 润唇啫喱 护唇液（油）	唇膏 唇彩 唇线笔 唇油 唇釉 染唇液

2. 化妆品检验规则

化妆品检验规则参照《化妆品检验规则》（QB/T 1684—2015），如表 6-2 所示。

表 6-2 化妆品检验规则

项 目	要 求
4.1 定型检验	产品设计完成后进行一次性检验。如果产品的性能和安全可靠，则可不再检验
4.2 出厂检验	4.2.1 产品出厂前应由生产企业的检验人员按产品标准的要求逐批进行检验，符合标准方可出厂 4.2.2 出厂检验项目为常规检验项目
4.3 型式检验	4.3.1 每 12 个月同一配方的产品应进行不少于 1 次的型式检验。有下列情况之一时，也应进行型式检验： a) 当原料、工艺、配方发生重大改变时 b) 产品首次投产或停产 6 个月以上后恢复生产时 c) 生产场所改变时 d) 主管部门提出进行型式检验要求时 4.3.2 型式检验项目包括常规检验项目和非常规检验项目

3. 化妆品产品包装外观要求

化妆品产品包装外观要求参照《化妆品产品包装外观要求》(QB/T 1685—2006)，如表 6-3 所示。

表 6-3 化妆品产品包装外观要求

项 目	要 求
5.1 印刷和标贴	5.1.1 化妆品包装印刷的图案和字迹应整洁、清晰、不易脱落，色泽均匀一致 5.1.2 化妆品包装的标贴不应错贴、漏贴、倒贴，粘贴应牢固 5.1.3 标签要求按 GB 5296.3 的规定
5.2 瓶	5.2.1 瓶身应平稳，表面光滑，瓶壁厚薄基本均匀，无明显疤痕、变形，不应有冷爆和裂痕 5.2.2 瓶口应端正、光滑，不应用毛刺（毛口）、螺纹、卡口配合结构完好、端正 5.2.3 瓶与盖的配合应严紧，无滑牙、松脱，无泄漏现象 5.2.4 瓶内外应洁净
5.3 盖	5.3.1 内盖 5.3.1.1 内盖应完整、光滑、洁净、不变形 5.3.1.2 内盖与瓶和外盖的配合应良好 5.3.1.3 内盖不应漏放 5.3.2 外盖 5.3.2.1 外盖应端正、光滑、无破碎、裂纹、毛刺（毛口） 5.3.2.2 外盖色泽应均匀一致 5.3.2.3 外盖螺纹配合结构应完好 5.3.2.4 加有电化铝或烫金外盖的色泽应均匀一致 5.3.2.5 翻盖类外盖应翻起灵活，连接部位无断裂 5.3.2.6 盖与瓶的配合应严密，无滑牙、松脱
5.4 袋	5.4.1 袋不应用明显皱纹、划伤、空气泡 5.4.2 袋的色泽应均匀一致 5.4.3 袋的封口要牢固，不应有开口、穿孔、漏液（膏）现象 5.4.4 复合袋应复合牢固、镀膜均匀
5.5 软管	5.5.1 软管的管身应光滑、整洁、厚薄均匀，无明显划痕，色泽应均匀一致 5.5.2 软管封口要牢固、端正，不应有开口、皱褶现象（模具正常压痕除外） 5.5.3 软管的盖应符合 5.3 的要求 5.5.4 软管的复合膜应无浮起现象

续表

项　目	要　求
5.6　盒	5.6.1　盒面应光滑、端正，不应有明显露底划痕、毛刺（毛口）、严重瘪压和破损现象 5.6.2　盒开启松紧度应适宜，取花盒时，不可用手指强行剥开，以捏住盖边，底不自落为合格 5.6.3　盒内镜面、内容物与盒应粘贴牢固，镜面映像良好，无露底划痕和破损现象
5.7　喷雾罐	5.7.1　罐体平整，无锈斑，焊缝平滑，无明显划伤、凹罐现象，色泽应均匀一致 5.7.2　喷雾罐的卷口应平整，不应有皱褶、裂纹和变形 5.7.3　喷雾罐的盖应符合5.3.2的要求
5.8　锭管	5.8.1　锭管的管体应端正、平滑，无裂纹、毛刺（毛口），不应有明显划痕，色泽应均匀一致 5.8.2　锭管的部件配合应松紧适宜，保证内容物能正常旋出或推出
5.9　化妆笔	5.9.1　化妆笔的笔杆和笔套应光滑、端正，不开胶，漆膜不开裂 5.9.2　化妆笔的笔杆和笔套的配合应松紧适宜 5.9.3　化妆笔的色泽应均匀一致
5.10　喷头	5.10.1　喷头应端正、清洁，无破损和裂痕现象 5.10.2　喷头的组配零部件应完整无缺，确保喷液畅通
5.11　外盒	5.11.1　花盒 5.11.1.1　花盒应与中盒包装配套严紧 5.11.1.2　花盒应清洁、端正、平整，盒盖盖好，无皱褶、缺边、缺角现象 5.11.1.3　花盒的黏合部位应粘贴牢固，无粘贴痕迹、开裂和互相粘连现象 5.11.1.4　产品无错装、漏装、倒装现象 5.11.2　中盒 5.11.2.1　中盒应与花盒包装配套严紧 5.11.2.2　中盒应清洁、端正、平整，盒盖盖好 5.11.2.3　中盒的黏合部位应粘贴牢固，无粘贴痕迹、开裂和互相粘连现象 5.11.2.4　产品无错装、漏装、倒装现象 5.11.2.5　中盒标贴应端正、清洁、完整，并根据需要应标明产品名称、规格、装盒数量和生产者名称 5.11.3　塑封 5.11.3.1　塑封应粘接牢固，无开裂现象 5.11.3.2　塑封表面应清洁，无破损现象 5.11.3.3　塑封内无错装、漏装、倒装现象 5.11.4　运输包装 5.11.4.1　运输包装应整洁、端正、平滑，封箱牢固 5.11.4.2　产品无错装、漏装、倒装现象 5.11.4.3　运输包装的标志应清楚、完整、位置合适，并根据需要应标明产品名称、生产者名称和地址、净含量、产品数量、整箱质量（毛重）、体积、生产日期和保质期或生产批号和限期使用日期。宜根据需要选择标注GB/T 191中的图示标志

注：化妆品产品包装所采用的材料必须安全，不应对人体造成伤害。

二、产品标准

1. 发用摩丝

发用摩丝标准参照《发用摩丝》（QB/T 1643—1998），如表6-4所示。

表6-4　　　　　　　　　　　　　　　　发用摩丝标准

项　目		要　求
感官指标	外观	泡沫均匀，手感细腻，富有弹性
	香气	符合规定之香型
理化指标	pH	3.5~9.0
	耐热性能	40℃ 4h，恢复至室温能正常使用
	耐寒性能	0℃~5℃ 24h，恢复至室温能正常使用
	喷出率/%	≥95
	泄漏试验	在50℃恒温水浴中试验不得有泄漏现象
	内压力/MPa	在25℃恒温水浴中试验应小于0.8
卫生指标	汞/（mg/kg）	≤1
	铅（以Pb计）/（mg/kg）	≤40
	砷（以As计）/（mg/kg）	≤10
	甲醇/%	≤0.2

2. 定型发胶

定型发胶标准参照《定型发胶》（QB/T 1644—1998），如表6-5所示。

表6-5　　　　　　　　　　　　　　　　定型发胶标准

项　目		要　求
感官指标	色泽	符合企业规定
	香气	符合企业规定
理化指标	喷出率（气压式）/%	≥95
	泄漏试验（气压式）	在50℃恒温水浴中试验不得有泄漏现象
	内压力（气压式）/MPa	在25℃恒温水浴中试验应小于0.8
	起喷次数（泵式）/次	≤5
卫生指标	甲醇/%	≤0.2
	汞/（mg/kg）	≤1
	砷（以As计）/（mg/kg）	≤10
	铅（以Pb计）/（mg/kg）	≤40
	细菌总数（泵式）	≤1000
	绿脓杆菌（泵式）	不得检出
	金黄色葡萄球菌（泵式）	不得检出
	粪大肠杆菌（泵式）	不得检出

3. 洗面奶、洗面膏

洗面奶、洗面膏标准参照《洗面奶、洗面膏》（GB/T 29680—2013），如表6-6所示。

表6-6 洗面奶、洗面膏标准

项　目		要　求	
		乳化型（Ⅰ型）	非乳化型（Ⅱ型）
感官指标	色泽	符合规定色泽	
	香气	符合规定香型	
	质感	均匀一致（含颗粒或灌装成特定外观的产品除外）	
理化指标	耐热	（40±1）℃保持24h，恢复至室温后无分层现象	
	耐寒	（-8±2）℃保持24h，恢复至室温后无分层、泛粗、变色现象	
	pH（25℃）	4.0～8.5 （含α-羟基酸、β-羟基酸产品可按企标执行）	4.0～11.0 （含α-羟基酸、β-羟基酸产品可按企标执行）
	离心分离	2000r/min，30min无油水分离（颗粒沉淀除外）	—
卫生指标	菌落总数/（CFU/g或CFU/mL）	符合《化妆品卫生规范》的规定	
	霉菌和酵母菌总数/（CFU/g或CFU/mL）		
	粪大肠菌群/（g或mL）		
	金黄色葡萄球菌/（g或mL）		
	铜绿假单胞菌/（g或mL）		
	铅/（mg/kg）		
	汞/（mg/kg）		
	砷/（mg/kg）		

4. 润肤膏霜

润肤膏霜标准参照《润肤膏霜》(QB/T 1857—2013)，如表6-7所示。

表6-7 润肤膏霜标准

项　目		要　求	
		水包油型（O/W）	油包水型（W/O）
感官指标	外观	膏体应细腻，均匀一致（添加不溶性颗粒或不溶粉末的产品除外）	
	香气	符合规定香型	
理化指标	pH（25℃）	4.0～8.5（pH不在上述范围的产品按企业标准执行）	—
	耐热	（40±1）℃保持24h，恢复室温后应无油水分离现象	（40±1）℃保持24h，恢复室温后渗油率不应大于3%
	耐寒	（-8±2）℃保持24h，恢复室温后与试验前无明显性状差异	

续表

项 目		要 求	
		水包油型（O／W）	油包水型（W／O）
卫生指标	菌落总数／（CFU／g）	符合《化妆品卫生规范》的规定	
	霉菌和酵母菌总数／（CFU／g）		
	粪大肠菌群／g		
	金黄色葡萄球菌／g		
	铜绿假单胞菌／g		
	铅／（mg／kg）		
	汞／（mg／kg）		
	砷／（mg／kg）		

5. 香水、古龙水

香水、古龙水标准参照《香水、古龙水》（QB／T 1858—2004），如表 6-8 所示。

表 6-8 香水、古龙水标准

项 目		要 求
感官指标	色泽	符合规定色泽
	香气	符合规定香型
	清晰度	水质清晰，不应有明显杂质和黑点
理化指标	相对密度（20℃／20℃）	规定值±0.02
	浊度	5℃水质清晰，不浑浊
	色泽稳定性	（48±1）℃保持 24h，维持原有色泽不变
卫生指标	甲醇／（mg／kg）	≤2000

6. 花露水

花露水标准参照《花露水》（QB／T 1858.1—2006），如表 6-9 所示。

表 6-9 花露水标准

项 目		要 求
感官指标	色泽	符合规定色泽
	香气	符合规定香型
	清晰度	水质清晰，不应有明显杂质和黑点
理化指标	相对密度（20℃／20℃）	0.84～0.94
	浊度	10℃时水质清晰，不浑浊
	色泽稳定性	（48±1）℃，24h 维持原有色泽不变

续表

项　目		要　求
卫生指标	甲醇／（mg／kg）	≤2000
	铅／（mg／kg）	≤40
	砷／（mg／kg）	≤10
	汞／（mg／kg）	≤1

注：产品中使用的乙醇应是食用级乙醇。

7. 爽身粉、祛痱粉

爽身粉、祛痱粉标准参照《爽身粉、祛痱粉》（QB/T 1859—2013），如表 6-10 所示。

表 6-10　　　　　　　　　　　　　　爽身粉、祛痱粉标准

项　目		要　求		
		Ⅰ型	Ⅱ型	Ⅰ+Ⅱ型
感官指标	色泽	符合规定色泽		
	香气	符合规定香型		
	粉体	洁净、无明显杂质及黑点		
理化指标	pH（25℃）	成人用产品4.5～10.5；儿童用产品4.5～9.5（不在此范围的按企业标准执行）		
	细度（0.125mm）／%	≥95		
	水分及挥发物（质量分数）／%	—	≤14	≤14
卫生指标	石棉	不应检出	—	不应检出
	菌落总数／（CFU／g）	符合《化妆品卫生规范》的规定		
	霉菌和酵母菌总数／（CFU／g）			
	粪大肠菌群／g			
	铜绿假单胞菌／g			
	金黄色葡萄球菌／g			
	铅／（mg／kg）			
	汞／（mg／kg）			
	砷／（mg／kg）			

8. 发油

发油标准参照《发油》（QB/T 1862—2011），如表 6-11 所示。

表 6-11   发油标准

项　目		要　求		
		单相发油	双相发油	气雾罐装发油
感官指标	清晰度	室温下清晰，无明显杂质和黑点	室温下油水相分别透明，油水界面清晰，无雾状物及尘粒	—
	色泽	符合规定色泽		
	香气	符合规定香型		
理化指标	pH（25℃）	—	水相 4.0～8.0	
	相对密度（20℃ / 20℃）	0.810～0.980	油相 0.810～0.980 水相 0.880～1.100	
	耐寒	（-10～-5）℃保持 24h，恢复室温后与试验前无明显差异		（-10～-5）℃保持 24h，恢复至室温能正常使用
	喷出率 / %	—	—	≥95
	起喷次数 / 次（泵式）	≤5		—
	内压力 / MPa	—		在 25℃ 恒温水浴中试验应小于 0.7
卫生指标	菌落总数 /（CFU / g 或 CFU / mL）	符合《化妆品卫生规范》的规定		—
	霉菌和酵母菌总数 /（CFU / g 或 CFU / mL）			
	粪大肠菌群 /（g 或 mL）			
	金黄色葡萄球菌 /（g 或 mL）			
	铜绿假单胞菌 /（g 或 mL）			
	铅 /（mg / kg）	符合《化妆品卫生规范》的规定		
	汞 /（mg / kg）			
	砷 /（mg / kg）			
	甲醇 /（mg / kg）			

注：乙醇、异丙醇含量之和≥10%时测甲醇指标。

9. 透明皂

透明皂标准参照《透明皂》（QB/T 1913—2004），如表 6-12 所示。

表 6-12   透明皂标准

项　目		要　求	
		Ⅰ型	Ⅱ型
感官指标	包装外观	包装整洁、端正，不歪斜；包装物商标、图案、字迹应清楚	
	皂体外观	图案、字迹清晰，皂形端正，色泽均匀，无明显杂质和污迹	
	气味	无油脂酸败或不良异味	

续表

项 目		要 求	
		I 型	II 型
理化指标	干钠皂 / %	≥74	—
	总有效物 / %	—	≥70
	水分和挥发物 / %	≤25	
	游离苛性碱（以 NaOH 计）/ %	≤0.20	
	氯化物（以 NaCl 计）/ %	≤0.7	
	透明度 [（6.50±0.15）mm 厚切片]/ %	≥25	
	发泡力（5min）/ mL	≥4.6×10²	

10. 洗发液、洗发膏

洗发液、洗发膏标准参照《洗发液、洗发膏》（GB/T 29679—2013），如表 6-13 所示。

表 6-13　　　　　　　　　　　　　　洗发液、洗发膏标准

项 目		要 求	
		洗发液	洗发膏
感官指标	外观	无异物	
	色泽	符合规定色泽	
	香气	符合规定香型	
理化指标	耐热	（40±1）℃保持 24h，恢复室温后无分层现象	（40±1）℃保持 24h，恢复室温后无分离析水现象
	耐寒	（-8±2）℃保持 24h，恢复室温后无分层现象	（-8±2）℃保持 24h，恢复室温后无分离析水现象
	pH（25℃）	成人产品：4.0~9.0（含 α-羟基酸、β-羟基酸产品可按企标执行）儿童产品：4.0~8.0	4.0~10.0（含 α-羟基酸、β-羟基酸产品可按企标执行）
	泡沫（40℃）/ mm	透明型≥100 非透明型≥50 儿童产品≥40	≥100
	有效物含量 / %	成人产品≥10.0 儿童产品≥8.0	—
	活性物含量 / %（以 100% 月桂醇硫酸酯钠计）	—	≥8.0
卫生指标	菌落总数 /（CFU / g 或 CFU / mL）	符合《化妆品卫生规范》的规定	
	霉菌和酵母菌总数 /（CFU / g 或 CFU / mL）		

续表

项　目		要　　求	
		洗发液	洗发膏
卫生指标	粪大肠菌群 /（g 或 mL）	符合《化妆品卫生规范》的规定	
	金黄色葡萄球菌 /（g 或 mL）		
	铜绿假单胞菌 /（g 或 mL）		
	铅 /（mg / kg）		
	汞 /（mg / kg）		
	砷 /（mg / kg）		

11. 护发素

护发素标准参照《护发素》(QB/T 1975—2013)，如表 6-14 所示。

表 6-14　　　　　　　　　　　　　　　　护发素标准

项　目		要　　求	
		漂洗型护发素	免洗型护发素
感官指标	外观	均匀、无异物（添加不溶性颗粒或不溶粉末的产品除外）	
	色泽	符合规定色泽	
	香气	符合规定香型	
理化指标	耐热	（40±1）℃保持 24h，恢复至室温后无分层现象	
	耐寒	（-8±2）℃保持 24h，恢复至室温后无分层现象	
	pH（25℃）	3.0～7.0（不在此范围内的按企业标准执行）	3.5～8.0
	总固体含量 / %	≥4.0	—
	甲醇 /（mg / kg）	—	≤2000［乙醇、异丙醇含量之不小于 10%（质量分数）的产品应测甲醇］
卫生指标	菌落总数 /（CFU / g 或 CFU / mL）	符合《化妆品卫生规范》的规定	
	霉菌和酵母菌总数 /（CFU / g 或 CFU / mL）		
	粪大肠菌群 /（g 或 mL）		
	铜绿假单胞菌 /（g 或 mL）		
	金黄色葡萄球菌 /（g 或 mL）		
	铅 /（mg / kg）		
	汞 /（mg / kg）		
	砷 /（mg / kg）		

12. 化妆粉块

化妆粉块标准参照《化妆粉块》(QB/T 1976—2004)，如表 6-15 所示。

表 6-15 化妆粉块标准

项　目		要　求
感官指标	外观	颜料及粉质分布均匀，无明显斑点
	香气	符合规定香型
	块型	表面应完整，无缺角、裂缝等缺陷
理化指标	涂擦性能	油块面积≤1／4 粉块面积
	跌落试验／份	破损≤1
	pH	6.0～9.0
	疏水性	粉质浮在水面保持 30min 不下沉
微生物指标	细菌总数／（CFU／g）	≤1000 （眼部用、儿童用产品≤500）
	霉菌和酵母菌总数／（CFU／g）	≤100
	粪大肠菌群	不得检出
	金黄色葡萄球菌	不得检出
	绿脓杆菌	不得检出
有毒物质限量	铅／（mg／kg）	≤40
	汞／（mg／kg）	≤1
	砷／（mg／kg）	≤10

注：疏水性仅适用于干湿两用粉饼。

13. 唇膏

唇膏标准参照《唇膏》(QB/T 1977—2004)，如表 6-16 所示。

表 6-16 唇膏标准

项　目		要　求
感官指标	外观	表面平滑无气孔
	色泽	符合规定色泽
	香气	符合规定香型
理化指标	耐热	（45±1）℃保持 24h，恢复至室温后外观无明显变化，能正常使用
	耐寒	-10℃～-5℃保持 24h，恢复至室温后能正常使用
微生物指标	细菌总数／（CFU／g）	≤500
	霉菌和酵母菌总数／ （CFU／g）	≤100
	粪大肠菌群	不得检出
	金黄色葡萄球菌	不得检出
	绿脓杆菌	不得检出
有毒物质限量	铅／（mg／kg）	≤40
	汞／（mg／kg）	≤1
	砷／（mg／kg）	≤10

14. 染发剂

染发剂标准参照《染发剂》(QB/T 1978—2016)，如表 6-17 所示。

表 6-17　　　　　　　　　　　　　　　染发剂标准

项　目		要　求					
		氧化型染发剂					非氧化型染发剂
		染发粉			染发水	染发膏（啫喱）	
		单剂型	两剂型				
			粉-粉型	粉-水型			
感官指标	外观	符合规定要求					
	香气	符合规定香型					
理化指标	耐热	—				（40±1）℃保持 6h，恢复至室温后，与试验前相比无明显变化	
	耐寒	—				（-8±2）℃保持 24h，恢复至室温后，与试验前相比无明显变化	
	pH　染剂	7.0~11.5	4.0~9.0	7.0~11.0	8.0~11.0	7.0~12.0	2.5~9.5
	pH　氧化剂		8.0~12.0		2.0~5.0		
	氧化剂含量	—	≤12.0%			—	
	染色能力	能将头发染至明示的颜色					
卫生指标	铅／(mg／kg)	符合《化妆品卫生规范》的要求					
	汞／(mg／kg)						
	砷／(mg／kg)						

15. 沐浴剂

沐浴剂标准参照《沐浴剂》(QB/T 1994—2013)，如表 6-18 所示。

表 6-18　　　　　　　　　　　　　　　沐浴剂标准

项　目		要　求			
		成人		儿童	
		普通型	浓缩型	普通型	浓缩型
感官指标	外观	液体或膏状产品不分层，无明显悬浮物（加入均匀悬浮颗粒组分的产品除外）或沉淀；块状产品色泽均匀、光滑细腻，无明显机械杂质和污迹			
	气味	无异味、符合规定香型			

续表

项　目		要　求			
		成人		儿童	
		普通型	浓缩型	普通型	浓缩型
理化指标	稳定性（液体或膏状产品）	耐热:（40±2）℃保持24h，恢复至室温后与试验前无明显变化； 耐寒:（−5±2）℃保持24h，恢复至室温后与试验前无明显变化			
	总有效物／%	≥7	≥14	≥5	≥10
	pH（25℃）	4.0～10.0		4.0～8.5	
卫生指标	汞／（mg／kg）	≤1			
	铅／（mg／kg）	≤40			
	砷／（mg／kg）	≤10			
	菌落总数／（CFU／g 或 CFU／mL）	≤1000		≤500	
	粪大肠菌群	不应检出			
	铜绿假单胞菌	不应检出			
	金黄色葡萄球菌	不应检出			
	霉菌和酵母菌总数／（CFU／g 或 CFU／mL）	≤100			

注：pH 测试浓度：液体或膏状产品 10%，固体产品 5%。

16. 发乳

发乳标准参照《发乳》（QB/T 2284—2011），如表 6-19 所示。

表 6-19　　　　　　　　　　　　　　　　发乳标准

项　目		要　求
感官指标	色泽	符合企业规定
	香气	符合企业规定
	膏体结构	细腻
理化指标	pH（25℃）	4.0～8.5
	耐热	（40±1）℃保持24h，膏体无油水分离
	耐寒	−15℃～−5℃保持24h，恢复至室温后膏体无油水分离
卫生指标	菌落总数／（CFU／g）	符合《化妆品卫生规范》的规定
	霉菌和酵母菌总数／（CFU／g）	
	粪大肠菌群／g	
	金黄色葡萄球菌／g	
	铜绿假单胞菌／g	
	铅／（mg／kg）	
	砷／（mg／kg）	
	汞／（mg／kg）	

17. 护肤乳液

护肤乳液标准参照《护肤乳液》（GB/T 29665—2013），如表 6-20 所示。

表 6-20　　　　　　　　　　　　　　　护肤乳液标准

项　目		要　求	
		水包油型（Ⅰ）	油包水型（Ⅱ）
感官指标	香气	符合企业规定	
	外观	均匀一致（添加不溶性颗粒或不溶粉末的产品除外）	
理化指标	pH（25℃）	4.0~8.5（含 α-羟基酸、β-羟基酸的产品可按企标执行）	—
	耐热	（40±1）℃保持 24h，恢复至室温后无分层现象	
	耐寒	（-8±2）℃保持 24h，恢复至室温后无分层现象	
	离心考验	2000r/min，30min 不分层（添加不溶颗粒或不溶粉末的除外）	
卫生指标	菌落总数/（CFU/g 或 CFU/mL）	符合《化妆品卫生规范》的规定	
	霉菌和酵母菌总数/（CFU/g 或 CFU/mL）		
	粪大肠菌群/（g 或 mL）		
	金黄色葡萄球菌/（g 或 mL）		
	铜绿假单胞菌/（g 或 mL）		
	铅/（mg/kg）		
	汞/（mg/kg）		
	砷/（mg/kg）		

18. 指甲油

指甲油标准参照《指甲油》（QB/T 2287—2011），如表 6-21 所示。

表 6-21　　　　　　　　　　　　　　　指甲油标准

项　目		要　求	
		（Ⅰ型）	（Ⅱ型）
感官指标	外观	透明指甲油：清晰、透明。 有色指甲油：符合企业规定	
	色泽	符合企业规定	
理化指标	牢固度	无脱落	—
	干燥时间/min	≤8	
卫生指标	汞/（mg/kg）	符合《化妆品卫生规范》的规定	
	铅/（mg/kg）		
	砷/（mg/kg）		

19. 化妆品用芦荟汁、粉

化妆品用芦荟汁、粉标准参照《化妆品用芦荟汁、粉》(QB/T 2488—2006)，如表 6-22 至表 6-26 所示。

表 6-22　　　　　　　　　　液态类产品感官指标

项　目	指　标			
	芦荟凝胶汁		芦荟全叶汁	
	未脱色	脱色	未脱色	脱色
外观	呈黄色至有微量沉淀的琥珀色液体	呈无色透明至有微量沉淀的淡黄色液体	呈黄绿色至有微量沉淀的琥珀色液体	呈无色透明至有微量沉淀的淡黄色液体
气味	具有芦荟植物味，无异味（以可溶性固形物为 0.5% 计）			
色泽稳定性	暴露在紫外线灯下照射 6h，应不变色或轻微变色（以可溶性固形物为 0.5% 计）			

表 6-23　　　　　　　　　　固态类产品感官指标

项　目	指　标							
	芦荟全叶喷雾干燥粉		芦荟全叶冷冻干燥粉		芦荟凝胶喷雾干燥粉		芦荟凝胶冷冻干燥粉	
	未脱色	脱色	未脱色	脱色	未脱色	脱色	未脱色	脱色
外观	淡黄色至棕色粉末	灰白色至浅黄色粉末	淡黄色至棕色粉末	灰白色至浅黄色粉末	棕色粉末	白色至灰白色粉末	棕色粉末	白色至灰白色粉末
气味	具有芦荟植物味，无异味（以 1% 水溶液计）							
色泽稳定性	暴露在紫外线灯下照射 6h，应不变色或轻微变色（以 1% 水溶液计）							

表 6-24　　　　　　　　　　液态类产品理化指标

项　目	指　标			
	芦荟凝胶汁		芦荟全叶汁	
	未脱色	脱色	未脱色	脱色
可溶性固形物 /（%）	$\geqslant 0.5$		$\geqslant 1.0$	
多糖 /（mg/L）	$\geqslant 4.00 \times 10^2$		$\geqslant 6.00 \times 10^2$	
相对密度	$1.000 \sim 1.200$			
O-乙酰基 /（mg/L）	$\geqslant 3.75 \times 10^2$		$\geqslant 5.0 \times 10^2$	
以下指标均以复水到 0.5%（凝胶汁）或 1.0%（全叶汁）的可溶性固形物时测定为准				
吸光度（400nm）	$\leqslant 0.70$	$\leqslant 0.20$	$\leqslant 2.50$	$\leqslant 0.30$
pH	$3.5 \sim 5.0$			
钙 /（mg/L）	$9.82 \times 10 \sim 4.48 \times 10^2$		$4.48 \times 10^2 \sim 1.02 \times 10^3$	
镁 /（mg/L）	$2.34 \times 10 \sim 1.18 \times 10^2$		$3.30 \times 10 \sim 2.30 \times 10^2$	
芦荟苷 /（mg/L）	$\leqslant 5.00 \times 10$	$\leqslant 1.00 \times 10$	$\leqslant 5.00 \times 10^2$	$\leqslant 1.00 \times 10$

表 6-25 固态类产品理化指标

项 目	指 标							
	芦荟全叶喷雾干燥粉		芦荟全叶冷冻干燥粉		芦荟凝胶喷雾干燥粉		芦荟凝胶冷冻干燥粉	
	未脱色	脱色	未脱色	脱色	未脱色	脱色	未脱色	脱色
多糖／（mg／kg）	$\geq 6.00 \times 10^4$				$\geq 8.00 \times 10^4$			
钙／（mg／kg）	$4.48 \times 10^4 \sim 1.02 \times 10^5$				$9.82 \times 10^3 \sim 8.96 \times 10^4$			
镁／（mg／kg）	$3.30 \times 10^3 \sim 2.30 \times 10^4$				$2.34 \times 10^3 \sim 2.36 \times 10^4$			
水分／（%）	≤ 8.00		≤ 5.00		≤ 8.00		≤ 5.00	
芦荟苷／（mg／kg）	$\leq 5.00 \times 10^4$	$\leq 8.00 \times 10^2$	$\leq 5.00 \times 10^4$	$\leq 8.00 \times 10^2$	$\leq 8.00 \times 10^3$	$\leq 1.60 \times 10^3$	$\leq 8.00 \times 10^3$	$\leq 1.60 \times 10^3$
O-乙酰基／（mg／L）	$\geq 5.00 \times 10^4$				$\geq 7.50 \times 10^4$			
	以下指标均以1%水溶液时测定为准				以下指标均以0.5%水溶液时测定为准			
吸光度（400nm）	≤ 2.50	≤ 0.20	≤ 2.50	≤ 0.20	≤ 0.50	≤ 0.20	≤ 0.50	≤ 0.20
pH	$3.5 \sim 5.0$							

表 6-26 卫生指标

项 目	指 标	
	液体制品	固体制品
汞／（mg／L 或 mg／kg）	≤ 1	≤ 1
铅／（mg／L 或 mg／kg）	≤ 30	≤ 40
砷／（mg／L 或 mg／kg）	≤ 10	≤ 20
菌落总数／（CFU／mL 或 CFU／g）	≤ 500	≤ 1000
粪大肠菌群／(mL 或 g)	不应检出	
金黄色葡萄球菌／(mL 或 g)	不应检出	
绿脓杆菌／(mL 或 g)	不应检出	

20. 香皂

香皂标准参照《香皂》（QB/T 2485—2008），如表 6-27 所示。

表 6-27 香皂标准

项 目		要 求	
		Ⅰ型	Ⅱ型
感官指标	包装外观	包装整洁、端正，不歪斜；包装物商标、图案、字迹应清楚	
	皂体外观	图案、字迹清晰，皂形端正，色泽均匀，无明显杂质和污迹；特殊外观要求产品除外（如带彩纹、带彩色粒子等）	
	气味	有稳定的香气，无油脂酸败等不良异味	

续表

项　目		要　求	
		Ⅰ型	Ⅱ型
理化指标	干钠皂/%	≥83	—
	总有效物含量/%	—	≥53
	水分和挥发物/%	≤15	≤30
	总游离碱（以 NaOH 计）/%	≤0.10	≤0.30
	游离苛性碱（以 NaOH 计）/%	≤0.10	
	氯化物（以 NaCl 计）/%	≤1.0	
	总五氧化二磷a/%	≤1.1	
	透明度b [（6.50±0.15）mm 切片]/%	25	

a 仅对标注无磷产品要求
b 仅对本标准规定的透明型产品
干钠皂的报告结果（%）以算术平均值表示至整数个位

$$报告结果（\%）=\frac{测得结果×测得皂的实际净含量}{包装上标注的净含量}$$

21. 洗手液

洗手液标准参照《洗手液》（QB/T 2654—2013），如表 6-28 所示。

表 6-28　　　　　　　　　　　　　　洗手液标准

项　目		要　求	
		普通型	浓缩型
感官指标	外观	不分层，无明显悬浮物（加入均匀悬浮颗粒组分的产品除外）或沉淀，无明显机械杂质的均匀产品	
	气味	无异味，符合规定香型	
理化指标	稳定性	耐热：（40±2）℃保持 24h，恢复至室温后与试验前无明显变化；耐寒：（-5±2）℃保持 24h，恢复至室温后与试验前无明显变化	
	总有效物/%	≥7	≥14
	pH（10%水溶液，25℃）	4.0~10.0	
	汞/（mg/kg）	≤1	
	铅/（mg/kg）	≤40	
	砷/（mg/kg）	≤10	
微生物指标	菌落总数/（CFU/g 或 CFU/mL）	≤1000	
	粪大肠菌群	不应检出	
	铜绿假单胞菌	不应检出	
	金黄色葡萄球菌	不应检出	
	霉菌和酵母菌/（CFU/g 或 CFU/mL）	≤100	

22. 化妆水

化妆水标准参照《化妆水》(QB/T 2660—2004)，如表6-29所示。

表6-29　　　　　　　　　　　　　　　　化妆水标准

项　目		要　求	
		单层型	多层型
感官指标	外观	均匀液体，不含杂质	两层或多层液体
	香气	符合规定香型	
理化指标	耐热	(40±1)℃保持24h，恢复至室温后与试验前无明显性状差异	
	耐寒	(5±1)℃保持24h，恢复至室温后与试验前无明显性状差异	
	pH	4.0~8.5（直测法） （α-羟基酸类、β-羟基酸类产品除外）	
	相对密度 （20℃/20℃）	规定值±0.02	
微生物指标	细菌总数/（CFU/g）	≤1000 （儿童用产品≤500）	
	霉菌和酵母菌总数/（CFU/g）	≤100	
	粪大肠菌群	不得检出	
	金黄色葡萄球菌	不得检出	
	绿脓杆菌	不得检出	
有毒物质限量	铅/（mg/kg）	≤40	
	汞/（mg/kg）	≤1	
	砷/（mg/kg）	≤10	
	甲醇/（mg/kg）	≤2000 （不含乙醇、异丙酮的化妆水不测甲醇）	

23. 足浴盐

足浴盐标准参照《浴盐　第1部分：足浴盐》(QB/T 2744.1—2005)，如表6-30所示。

表6-30　　　　　　　　　　　　　　　　足浴盐标准

项　目		要　求
感官指标	色泽	均匀一致
	香气	无异味，符合产品规定香气
理化指标	总氯（以Cl⁻计）/% （质量分数）	45±15
	水分（含结晶水和挥发物）/% （质量分数）	≤10.0
	pH	4.0~8.5

续表

项 目		要 求
有毒物质限量	汞/（mg/kg）	≤1
	砷/（mg/kg）	≤10
	铅/（mg/kg）	≤40

24. 沐浴盐

沐浴盐标准参照《浴盐 第2部分：沐浴盐》（QB/T 2744.1—2005），如表6-31所示。

表6-31　　　　　　　　　　　　　　沐浴盐标准

项 目		要 求
感官指标	色泽	均匀一致
	香气	无异味，符合产品规定香气
理化指标	总氯（以Cl⁻计）/%（质量分数）	45±15
	水分（含结晶水和挥发物）/%（质量分数）	≤8.0
	pH	6.5~9.0
有毒物质限量	汞/（mg/kg）	≤1
	砷/（mg/kg）	≤10
	铅/（mg/kg）	≤40

25. 面膜

面膜标准参照《面膜》（QB/T 2872—2017），如表6-32所示。

表6-32　　　　　　　　　　　　　　面膜标准

项 目		要 求				
		面贴膜	膏（乳）状面膜	啫喱面膜	泥膏状面膜	粉状面膜
感官指标	外观	湿润的纤维贴膜或胶状成形贴膜	均匀膏体或乳液	透明或半透明凝胶状	泥状膏体	均匀粉末
	香气	符合规定香气				
理化指标	pH（25℃）	3.5~8.5				5.0~10.0
	耐热	（40±1）℃保持24h，恢复至室温后与试验前无明显差异				—
	耐寒	（-8±2）℃保持24h，恢复至室温后与试验前无明显差异				—
卫生指标	甲醇/（mg/kg）	符合《化妆品安全技术规范》的规定				
	菌落总数/（CFU/g或CFU/mL）					

续表

项　目		要　求				
		面贴膜	膏（乳）状面膜	啫喱面膜	泥膏状面膜	粉状面膜
卫生指标	霉菌和酵母菌总数／（CFU／g 或 CFU／mL）					
	耐热大肠菌群／（g 或 mL）					
	金黄色葡萄球菌／（g 或 mL）		符合《化妆品安全技术规范》的规定			
	铜绿假单胞菌／（g／mL）					
	铅／（mg／kg）					
	汞／（mg／kg）					
	砷／（mg／kg）					
	镉／（mg／kg）					
油包水型（W／O）不需测定 pH						

26. 发用啫喱（水）

发用啫喱（水）标准参照《发用啫喱（水）》(QB/T 2873—2007)，如表6-33所示。

表6-33　　　　　　　　　　　　　　发用啫喱（水）标准

项　目		要　求	
		发用啫喱	发用啫喱水
感官指标	外观	凝胶状或黏稠状	水状均匀液体
	香气	符合规定香气	
理化指标	pH（25℃）	3.5～9.0	
	耐热	（40±1）℃保持24h，恢复至室温后与试验前外观无明显差异	
	耐寒	-10℃～-5℃保持24h，恢复至室温后与试验前外观无明显差异	
	起喷次数（泵式）／次	≤10	≤5
卫生指标	菌落总数／（CFU／g）	≤1000，儿童用产品≤500	
	霉菌和酵母菌总数／（CFU／g）	≤100	
	粪大肠菌群／g	不应检出	
	金黄色葡萄球菌／g	不应检出	
	绿脓杆菌／g	不应检出	
	铅／（mg／kg）	≤40	

续表

项　目		要　求	
		发用啫喱	发用啫喱水
卫生指标	汞／（mg／kg）	≤1	
	砷／（mg／kg）	≤10	
	甲醇／（mg／kg）	≤2000（乙醇、异丙醇含量之和≥10%时需测甲醇）	

27. 护肤啫喱

护肤啫喱标准参照《护肤啫喱》（GB/T 2874—2007），如表 6-34 所示。

表 6-34　　　　　　　　　　　　　　　　　护肤啫喱标准

项　目		要　求
感官指标	外观	透明或半透明凝胶状，无异物（允许添加起护肤或美化作用的粒子）
	香气	符合规定香气
理化指标	pH（25℃）	3.5～8.5
	耐热	（40±1）℃保持 24h，恢复至室温后与试验前外观无明显差异
	耐寒	-10℃～-5℃保持 24h，恢复至室温后与试验前外观无明显差异
卫生指标	菌落总数／（CFU／g）	≤1000，眼、唇部、儿童用产品≤500
	霉菌和酵母菌总数／（CFU／g）	≤100
	粪大肠菌群／g	不应检出
	金黄色葡萄球菌／g	不应检出
	绿脓杆菌／g	不应检出
	铅／（mg／kg）	≤40
	汞／（mg／kg）	≤1
	砷／（mg／kg）	≤10
	甲醇／（mg／kg）	≤2000（乙醇、异丙醇含量之和≥10%时需测甲醇）

28. 特种洗手液

特种洗手液标准参照《特种洗手液》（GB 19877.1—2005），如表 6-35 所示。

表 6-35　　　　　　　　　　　　　　　　　特种洗手液标准

项　目		要　求
感官指标	外观	不分层，无悬浮物或沉淀，无明显机械杂质的均匀产品（加入均匀悬浮颗粒组分的产品除外）
	气味	无异味，符合规定香型
理化指标	稳定性	于-5℃±2℃的冰箱中放置 24h，取出恢复至室温时观察，无沉淀和无变色现象，透明产品不浑浊
		40℃±1℃的保温箱中放置 24h，取出恢复至室温时观察，无异味、无分层和变色现象，透明产品不浑浊

续表

项 目		要 求
理化指标	总活性物含量／%	≥9.0
	pH （25℃，1∶10水溶液）	4.0～10.0
	菌落总数／（CFU／g）	≤200
	粪大肠菌群	不得检出
	杀菌率[a] （1∶1溶液，2min）／%	抗菌型≥90
	抑菌率[a] （1∶1溶液，2min）／%	抑菌型≥50
有毒物质限量	甲醇含量／（mg／kg）	≤2000
	甲醛含量／（mg／kg）	≤500
	砷含量（以As计）／（mg／kg）	≤10
	重金属含量（以Pb计）／（mg／kg）	≤40
	汞含量（以Hg计）／（mg／kg）	≤1

a 指金黄色葡萄球菌（ATCC 6538）和大肠杆菌（8099或ATCC 25922）的抗菌率或抑菌率；如产品标明对真菌的作用，还需包括白色念珠菌（ATCC 10231）。标识为抗菌产品时，杀菌率应≥90%；标识为抑菌产品时，抑菌率应≥50%

29. 特种沐浴剂

特种沐浴剂标准参照《特种沐浴剂》（GB 19877.2—2005），如表6-36所示。

表6-36 特种沐浴剂标准

项 目		要 求			
		成人		儿童	
		普通型	浓缩型	普通型	浓缩型
感官指标	外观	液体或膏状产品不分层，无明显悬浮物（加入均匀悬浮颗粒组分的产品除外）或沉淀；块状产品色泽均匀、光滑细腻，无明显机械杂质和污迹			
	气味	无异味，符合规定香型			
理化指标	稳定性 （液体或膏状产品）	耐热：（40±2）℃保持24h，恢复至室温后与试验前无明显变化； 耐寒：（-5±2）℃保持24h，恢复至室温后与试验前无明显变化			
	总有效物／%	≥7	≥14	≥5	≥10
	pH[a]（25℃）	4.0～10.0		4.0～8.5	
	汞／（mg／kg）	≤1			
	铅／（mg／kg）	≤40			
	砷／（mg／kg）	≤10			

续表

项　目		要　求			
		成人		儿童	
		普通型	浓缩型	普通型	浓缩型
卫生指标	杀菌率[a]（1∶1溶液，2min）/%	抗菌型≥90			
	抑菌率[a]（1∶1溶液，2min）/%	抑菌型≥50			
	菌落总数/（CFU/g）	≤200			
	粪大肠菌群	不得检出			

　　a 指金黄色葡萄球菌（ATCC 6538）和大肠杆菌（8099 或 ATCC 25922）的抗菌率或抑菌率；如产品标明对真菌的作用，还需包括白色念珠菌（ATCC 10231）。标识为抗菌产品时，杀菌率应≥90%；标识为抑菌产品时，抑菌率应≥50%

30. 特种香皂

特种香皂标准参照《特种香皂》（GB 19877.3—2005），如表 6-37 所示。

表 6-37　　　　　　　　　　　　　　特种香皂标准

项　目		要　求	
		Ⅰ型	Ⅱ型
感官指标	包装外观	包装整洁、端正，不歪斜；包装物商标、图案、字迹应清楚	
	皂体外观	图案、字迹清晰，皂形端正，色泽均匀，无明显杂质和污迹；特殊外观要求产品除外（如带彩纹、带彩色粒子等）	
	气味	有稳定的香气，无油脂酸败或不良异味	
理化指标	干钠皂/%	≥83	—
	总有效物含量/%	—	≥53
	水分和挥发物/%	≤15	≤30
	总游离碱（以 NaOH 计）/%	≤0.10	≤0.30
	游离苛性碱（以 NaOH 计）/%	≤0.10	≤0.10
	氯化物（以 NaCl 计）/%	≤1.0	≤1.0
	总五氧化二磷[a]/%	≤1.1	≤1.1
	透明度[b]［（6.50±0.15）mm 切片］/%	25	
卫生指标	抑菌试验（0.1%溶液，37℃，48h） 普通型	对金黄色葡萄球菌（ATCC 6538）无生长	
	抑菌试验（0.1%溶液，37℃，48h） 广谱型	对金黄色葡萄球菌（ATCC 6538）、大肠杆菌（8099 或 ATCC 25922）、白色念珠菌（ATCC 10231）均无生长	

　　a 仅对标注无磷产品要求
　　b 仅对《香皂》（QB/T 2485—2008）规定的透明型产品

三、卫生标准

1. 化妆品卫生标准

化妆品卫生标准参照《化妆品卫生标准》(GB 7916—1987)，如表 6-38 所示。

表 6-38　　　　　　　　　　　　　　化妆品卫生标准

项　目			要　求
一般要求			化妆品必须外观良好，不得有异臭 化妆品不得对皮肤和黏膜产生刺激和损伤作用 化妆品必须无感染性，使用安全
对原料的要求			禁止使用本规范表 2 中所列物质为化妆品组分 凡以本规范表 3 至表 6 中所列物质为化妆品组分的，必须符合表中所作规定 凡使用两种以上本规范表 3 至表 6 中所列物质为化妆品组分时，必须符合如下规定：具有同类作用的物质，其用量与表中规定限量之比的总和不得大于 1
对产品的要求	微生物指标	细菌总数 / （个 / mL 或个 / g）	≤1000 眼部、口唇、口腔黏膜用、婴儿和儿童用≤500
		粪大肠菌群	不得检出
		绿脓杆菌	不得检出
		金黄色葡萄球菌	不得检出
	有毒物质限量	汞 /（mg / kg）	1（含有机汞防腐剂的眼部化妆品除外）
		铅（以铅计）/ （mg / kg）	40（含乙酸铅的染发剂除外）
		砷（以砷计）/ （mg / kg）	10
		甲醇	0.2%
包装材料要求			必须无毒和清洁
标签要求			应用中文注明产品名称、生产企业、产地，包装上要注明批号。对含药物化妆品或可能引起不良反应的化妆品尚需注明使用方法和注意事项

注：对演员化妆品的某些特殊要求另订。

2. 一次性使用卫生用品卫生标准

一次性使用卫生用品卫生标准参照《一次性使用卫生用品卫生标准》(GB 15979—2002)。
产品卫生指标：

① 外观必须整洁，符合该卫生用品固有性状，不得有异常气味与异物。

② 不得对皮肤与黏膜产生不良刺激与过敏反应及其他损害作用。

③ 产品须符合表6-39所示的微生物指标，表中仅列出与化妆品相关的产品。

表6-39　　　　　　　　　　　　　一次性使用卫生用品卫生标准

项　　目	要　　求				
	微生物指标				
产品	初始污染菌 / （CFU / g）	细菌菌落总数 / （CFU / g 或 CFU / mL）	大肠菌群	致病性化脓菌[a]	真菌菌落总数 / （CFU / g 或 CFU / mL）
抗菌（或抑菌）液体产品	—	≤200	不得检出	不得检出	≤100

a 致病性化脓菌指绿脓杆菌、金黄色葡萄球菌与溶血性链球菌

3. 化妆品安全技术规范

化妆品安全技术规范参照《化妆品安全技术规范》（2015 年版），如表6-40 所示。

表6-40　　　　　　　　　　　　　　化妆品安全技术规范

项　　目		要　　求
一般要求		化妆品应经安全性风险评估，确保在正常、合理的及可预见的使用条件下，不得对人体健康产生危害
		化妆品生产应符合化妆品生产规范的要求。化妆品的生产过程应科学合理，保证产品安全
		化妆品上市前应进行必要的检验，检验方法包括相关理化检验方法、微生物检验方法、毒理学试验方法和人体安全试验方法等
		化妆品应符合产品质量安全有关要求，经检验合格后方可出厂
配方要求		化妆品配方不得使用本规范第二章表 1 和表 2 所列的化妆品禁用组分。若技术上无法避免禁用物质作为杂质带入化妆品时，国家有限量规定的应符合其规定；未规定限量的，应进行安全性风险评估，确保在正常、合理及可预见的适用条件下不得对人体健康产生危害
		化妆品配方中的原料如属于本规范第二章表 3 化妆品限用组分中所列的物质，使用要求应符合表中规定
		化妆品配方中所用防腐剂、防晒剂、着色剂、染发剂，必须是对应的本规范第三章表 4 至表 7 中所列的物质，使用要求应符合表中规定
微生物学指标	菌落总数 / （CFU / g 或 CFU / mL）	≤500（眼部化妆品、口唇化妆品和儿童化妆品）；≤1000（其他化妆品）
	霉菌和酵母菌总数 / （CFU / g 或 CFU / mL）	≤100
	耐热大肠菌群 / （g 或 mL）	不得检出
	金黄色葡萄球菌 / （g 或 mL）	不得检出
	铜绿假单胞菌 / （g 或 mL）	不得检出

续表

项　目		要　求
有害物质限值	汞／（mg／kg）	≤1（含有机汞防腐剂的眼部化妆品除外）
	铅／（mg／kg）	≤10
	砷／（mg／kg）	≤2
	镉／（mg／kg）	≤5
	甲醇／（mg／kg）	≤2000
	二噁烷／（mg／kg）	≤30
	石棉／（mg／kg）	不得检出
包装材料要求		直接接触化妆品的包装材料应当安全，不得与化妆品发生化学反应，不得迁移或释放对人体产生危害的有毒有害物质
标签要求		凡化妆品中所用原料按照本技术规范需在标签上标印使用条件和注意事项的，应按相应要求标注。其他要求应符合国家有关法律法规和规章标准要求
儿童用化妆品要求		儿童用化妆品在原料、配方、生产过程、标签、使用方式和质量安全控制等方面除满足正常的化妆品安全性要求外，还应满足相关特定的要求，以保证产品的安全性 儿童用化妆品应在标签中明确适用对象
原料要求		化妆品原料应经安全性风险评估，确保在正常、合理及可预见的使用条件下，不得对人体健康产生危害 化妆品原料质量安全要求应符合国家相应规定，并与生产工艺和检测技术所达到的水平相适应 原料技术要求内容包括化妆品原料名称、登记号（CAS号和／或EINECS号、INCI名称、拉丁学名等）、使用目的、适用范围、规格、检测方法、可能存在的安全性风险物质及其控制措施等内容 化妆品原料的包装、储运、使用等过程，均不得对化妆品原料造成污染。直接接触化妆品原料的包装材料应当安全，不得与原料发生化学反应，不得迁移或释放对人体产生危害的有毒有害物质。对有温度、相对湿度或其他特殊要求的化妆品原料应按规定条件储存 化妆品原料能通过标签追溯到原料的基本信息（包括但不限于原料标准中文名称、INCI名称、CAS号和／或EINECS号）、生产商名称、纯度或含量、生产批号或生产日期、保质期等中文标识。属于危险化学品的化妆品原料，其标识应符合国家有关部门的规定 动植物来源的化妆品原料应明确其来源、使用部位等信息。动物脏器组织及血液制品或提取物的化妆品原料，应明确其来源、质量规格，不得使用未在原产国获准使用的此类原料 使用化妆品新原料应符合国家有关规定

参 考 文 献

［1］ 徐阳，段文锋. 化妆品质量检验［M］. 北京：中国质检出版社，中国标准出版社，2016.

［2］ 高瑞英. 化妆品质量检验技术［M］. 2版. 北京：化学工业出版社，2015.

［3］ 郑星泉，周淑玉，周世伟. 化妆品卫生检验手册［M］. 北京：化学工业出版社，2003.

［4］ 童俐俐，冯兰宾. 化妆品工艺学［M］. 北京：中国轻工业出版社，1999.

［5］ 唐冬雁，刘本才. 化妆品配方设计与制备工艺［M］. 北京：化学工业出版社，2003.

［6］ 王培义. 化妆品——原理、配方、生产工艺［M］. 2版. 北京：化学工业出版社，2006.

［7］ 董树芬，刘洋. 中国化妆品行业现状及监管体系［J］. 北京日化，2008，1：66-73.

［8］ 邱德仁. 原子光谱分析［M］. 上海：复旦大学出版社，2002.

［9］ 邓勃. 应用原子吸收与原子荧光光谱分析［M］. 2版. 北京：化学工业出版社，2003.

［10］ 李盛亮. 原子吸收光谱法［M］. 上海：上海科学技术出版社，1989.

［11］ 方荣. 原子吸收光谱法在卫生检验中的应用［M］. 北京：北京大学出版社，1991.

［12］ 刘世纯. 实用分析化验工读本［M］. 北京：化学工业出版社，1999.

［13］ 刘珍. 化验员读本［M］. 4版. 北京：化学工业出版社，2004.

［14］ 杨祖英. 食品检验［M］. 北京：化学工业出版社，2001.

［15］ 达世禄. 色谱学导论［M］. 武汉：武汉大学出版社，1999.

［16］ 刘虎威. 气相色谱方法及应用［M］. 北京：化学工业出版社，2007.

［17］ 王绪卿，吴永宁，等. 色谱在食品安全分析中的应用［M］. 北京：化学工业出版社，2005.

［18］ 裘炳毅. 化妆品化学与工艺技术大全［M］. 北京：中国轻工业出版社，2006.